2024

天津科技统计年鉴

天津市科学技术局
天津市统计局 编
天津市教育委员会

科学技术文献出版社

·北京·

图书在版编目（CIP）数据

2024天津科技统计年鉴 / 天津市科学技术局, 天津市统计局, 天津市教育委员会编. -- 北京：科学技术文献出版社, 2025.6. -- ISBN 978-7-5235-2519-7

Ⅰ.G322.721-54

中国国家版本馆CIP数据核字第20258A7R83号

2024天津科技统计年鉴

| 策划编辑：郝迎聪 | 责任编辑：韩 晶 | 责任校对：文 浩 | 责任出版：张志平 |

出 版 者	科学技术文献出版社
地　　址	北京市复兴路15号　邮编 100038
出 版 部	（010）58882941，58882087（传真）
发 行 部	（010）58882868，58882870（传真）
邮 购 部	（010）58882873
官方网址	www.stdp.com.cn
发 行 者	科学技术文献出版社发行　全国各地新华书店经销
印 刷 者	北京厚诚则铭印刷科技有限公司
版　　次	2025年6月第1版　2025年6月第1次印刷
开　　本	889×1194　1/16
字　　数	332千
印　　张	14.75
书　　号	ISBN 978-7-5235-2519-7
定　　价	68.00元

版权所有　违法必究

购买本社图书，凡字迹不清、缺页、倒页、脱页者，本社发行部负责调换

《天津科技统计年鉴》编辑委员会

主　任：

夏正淮　宋卫东　罗延安　王华峰

委　员：

樊　敏　黄战胜　杨明海　华　强
李永杰　包　臣　李英霞　王江平
王凌志

《天津科技统计年鉴》编辑部

主　编：

谭　悦　弓雯瑞　张　鹏

编辑人员：（按姓氏笔画排列）

冯　璟　李世冉　杨　煜　邱维臣
张会忠　郑卫华　孟　媛　侯丽珠
姚瑞娟　贾静琳　高　文　谢雨杉

鸣谢单位
（排名不分先后）

天津市科学技术局战略规划处（研究室）

天津市科学技术局智能科技处

天津市科学技术局实验室工作处

天津市科学技术局低碳科技处

天津市科学技术局科技成果与技术市场处

天津市科学技术局创新体系处

天津市统计局社会科技和文化产业统计处（人民生活调查处）

天津市统计局工业统计处

天津市统计局国民经济综合统计处

天津市教育委员会科学技术与研究生工作处（学位办）

天津市知识产权局专利管理处（专利代办处）

天津市发展和改革委员会创新和高技术发展处

天津市工业和信息化局科技处

天津市科学技术协会学会学术部（院士专家部）

编者说明

一、《2024天津科技统计年鉴》由天津市科学技术局、天津市统计局和天津市教育委员会共同编辑制作，主要反映了天津市的科技活动情况，收录了全市、各区和有关部门2023年的科技统计数据。

二、本年鉴分为10个部分。第一部分为反映全社会科技活动的综合统计资料；第二部分至第六部分分别为科学研究和技术服务业机构、规模以上工业企业、建筑业企业、重点服务业企业和高等学校科技活动统计资料；第七部分为高技术产业统计资料；第八部分为火炬统计调查资料；第九部分为附录；第十部分为主要统计指标解释。

三、本年鉴未对小数点进行机械调整，部分数据由于四舍五入取舍不同而产生计算误差。

四、本年鉴有关符号使用说明："#"表示其中的主要项；"注"或"①"表示该表下有注解。

目 录

第一部分 综 合 ·· 1

表 1-1 天津市主要社会、经济指标情况（2019—2023 年）··························· 3
表 1-2 天津市财政科技支出情况（2019—2023 年）···································· 3
表 1-3 天津市研究与试验发展（R&D）投入情况（2019—2023 年）············· 4
表 1-4 天津市科技产出及成果情况（2019—2023 年）································ 5
表 1-5 天津市技术市场成交合同分布情况（2023 年）································ 8
表 1-6 天津市高新技术产业主要经济效益指标（2023 年）·························· 9
表 1-7 天津市各区基本情况（2023 年）·· 10

第二部分 科学研究和技术服务业机构 ·· 13

（一）科学研究和技术服务业事业单位 ·· 15

表 2-1 科学研究和技术服务业事业单位基本情况（2019—2023 年）············ 15
表 2-2 科学研究和技术服务业事业单位人员情况（2023 年）····················· 16
表 2-3 科学研究和技术服务业事业单位经费收入情况（2023 年）··············· 20
表 2-4 科学研究和技术服务业事业单位经费支出情况（2023 年）··············· 22
表 2-5 科学研究和技术服务业事业单位基本建设情况（2023 年）··············· 24
表 2-6 科学研究和技术服务业事业单位固定资产情况（2023 年）··············· 26
表 2-7 科学研究和技术服务业事业单位课题经费内部支出情况（2023 年）··· 28
表 2-8 科学研究和技术服务业事业单位 R&D 人员情况（2023 年）············· 32
表 2-9 科学研究和技术服务业事业单位 R&D 经费内部支出情况（2023 年）··· 34
表 2-10 科学研究和技术服务业事业单位 R&D 日常性支出情况（2023 年）··· 36
表 2-11 科学研究和技术服务业事业单位 R&D 经费外部支出情况（2023 年）··· 38
表 2-12 科学研究和技术服务业事业单位科技产出情况（2023 年）············· 40
表 2-13 科学研究和技术服务业事业单位对外科技服务情况（2023 年）······· 42

（二）转制为企业的研究机构 44

    表 2-14 转制为企业的研究机构概况（2023 年） 44

    表 2-15 转制为企业的研究机构技术性收入情况（2023 年） 44

    表 2-16 转制为企业的研究机构科技活动经费支出情况（2023 年） 46

    表 2-17 转制为企业的研究机构固定资产情况（2023 年） 48

    表 2-18 转制为企业的研究机构科技课题概况（2023 年） 49

    表 2-19 转制为企业的研究机构科技课题经费内部支出情况（2023 年） 50

    表 2-20 转制为企业的研究机构科技课题投入人员情况（2023 年） 51

    表 2-21 转制为企业的研究机构 R&D 人员情况（2023 年） 52

    表 2-22 转制为企业的研究机构 R&D 经费内部支出按资金来源分布（2023 年） 53

    表 2-23 转制为企业的研究机构 R&D 经费内部支出按活动类型分布（2023 年） 53

    表 2-24 转制为企业的研究机构 R&D 经费内部支出按经费类别分布（2023 年） 54

    表 2-25 转制为企业的研究机构 R&D 经费外部支出情况（2023 年） 56

    表 2-26 转制为企业的研究机构专利情况（2023 年） 57

    表 2-27 转制为企业的研究机构论文、著作及其他科技产出情况（2023 年） 58

第三部分 规模以上工业企业 59

  表 3-1 规模以上工业企业基本情况（2019—2023 年） 61

  表 3-2 规模以上工业企业基本情况（2023 年） 62

  表 3-3 规模以上工业企业 R&D 人员情况（2023 年） 66

  表 3-4 规模以上工业企业 R&D 经费情况（2023 年） 70

  表 3-5 规模以上工业企业办科技机构情况（2023 年） 78

  表 3-6 规模以上工业企业自主知识产权及相关情况（2023 年） 80

  表 3-7 规模以上工业企业新产品开发、生产及销售情况（2023 年） 82

  表 3-8 规模以上工业企业政府相关政策落实情况（2023 年） 84

  表 3-9 规模以上工业企业技术获取和技术改造情况（2023 年） 86

第四部分 建筑业企业 89

  表 4-1 建筑业企业基本情况（2023 年） 91

表4-2	建筑业企业R&D人员情况（2023年）	92
表4-3	建筑业企业R&D经费情况（2023年）	94
表4-4	建筑业企业办科技机构情况（2023年）	96
表4-5	建筑业企业自主知识产权及相关情况（2023年）	97
表4-6	建筑业企业政府相关政策落实情况（2023年）	98

第五部分　重点服务业企业 ··· 99

表5-1	重点服务业企业基本情况（2023年）	101
表5-2	重点服务业企业R&D人员情况（2023年）	102
表5-3	重点服务业企业R&D经费情况（2023年）	104
表5-4	重点服务业企业办科技机构情况（2023年）	106
表5-5	重点服务业企业自主知识产权及相关情况（2023年）	107
表5-6	重点服务业企业政府相关政策落实情况（2023年）	108

第六部分　高等学校 ··· 109

表6-1	高等学校科技活动人员基本情况（2019—2023年）	111
表6-2	高等学校科技活动经费基本情况（2019—2023年）	112
表6-3	高等学校R&D课题基本情况（2019—2023年）	113
表6-4	理、工、农、医类高等学校科技人力资源情况（2023年）	114
表6-5	理、工、农、医类高等学校科技人力资源按技术职务分布情况（2023年）	116
表6-6	理、工、农、医类高等学校科技活动经费情况（2023）	118
表6-7	理、工、农、医类高等学校科技活动机构情况（2023年）	120
表6-8	理、工、农、医类高等学校科技课题情况（2023年）	122
表6-9	理、工、农、医类高等学校科技交流情况（2023年）	124
表6-10	理、工、农、医类高等学校技术转让与知识产权情况（2023年）	125
表6-11	理、工、农、医类高等学校科技成果情况（2023年）	126
表6-12	理、工、农、医类高等学校科技成果奖励情况（2023年）	128
表6-13	人文、社会科学类高等学校教学与科研人员情况（2023年）	130
表6-14	人文、社会科学类高等学校R&D人员按职称分布情况（2023年）	132

表6-15	人文、社会科学类高等学校R&D人员按学校隶属关系分布情况（2023年）	136
表6-16	人文、社会科学类高等学校R&D经费情况（2023年）	138
表6-17	人文、社会科学类高等学校研究机构情况（2023年）	139
表6-18	人文、社会科学类高等学校R&D课题情况（2023年）	140
表6-19	人文、社会科学类高等学校R&D课题按课题来源分布情况（2023年）	144
表6-20	人文、社会科学类高等学校研究成果情况（一）（2023年）	146
表6-21	人文、社会科学类高等学校研究成果情况（二）（2023年）	150
表6-22	人文、社会科学类高等学校学术交流情况（2023年）	152

第七部分 高技术产业 ········ 155

表7-1	高技术产业主要指标情况（2019—2023年）	157
表7-2	高技术产业主要指标按企业规模、登记注册类型和行业分布情况（2023年）	158

第八部分 火炬统计调查 ········ 161

表8-1	国家高新技术企业基本情况（2019—2023年）	163
表8-2	国家高新技术企业主要经济指标（2023年）	164
表8-3	国家高新技术企业从业人员情况（2023年）	170
表8-4	国家高新技术企业研究开发活动经费情况（2023年）	174
表8-5	国家高新技术企业科技项目情况（2023年）	180
表8-6	国家高新技术企业办科技机构情况（2023年）	183
表8-7	国家高新技术企业自主知识产权及相关情况（2023年）	186
表8-8	国家高新技术企业政府相关政策落实情况（2023年）	189
表8-9	国家高新技术企业技术获取和技术改造情况（2023年）	192

第九部分 附　录 ········ 195

国家工程研究中心（实验室）（14个）	197
国家级火炬计划平台和农业科技园区（19个）	197
国家级科技企业孵化器（39个）	198
天津市市级科技企业孵化器（56个）	199

天津市企业技术中心（738个）……………………………………………………200

天津市两院院士名录……………………………………………………………210
　　中国科学院院士（16名）…………………………………………………………210
　　中国工程院院士（17名）…………………………………………………………210

第十部分　主要统计指标解释……………………………………………211

第一部分 综合

2024 天津科技统计年鉴

第一部分 综 合

表1-1 天津市主要社会、经济指标情况（2019—2023年）

项　目	2019年	2020年	2021年	2022年	2023年
常住人口（万人）	1385	1387	1373	1363	1364
户籍人口（万人）	1108	1131	1152	1161	1176
就业人员（万人）	659	647	641	621	635
全市生产总值（亿元）	14055.46	14007.99	15685.05	16132.16	16737.30
第一产业	185.41	210.34	265.90	273.16	268.53
第二产业	4947.18	4911.77	5672.67	5982.33	5982.62
第三产业	8922.87	8885.88	9746.48	9876.67	10486.15
人均地区生产总值（元）	101557	101068	113660	117925	122752
工业增加值（亿元）	4372.27	4296.38	5056.45	5329.03	5359.01
农林牧渔业总产值（亿元）	414.35	476.44	509.26	521.43	511.26
中资金融机构人民币存款年末余额（亿元）	30384.60	32685.23	34355.20	39015.38	43101.58
#住户存款余额	12614.95	14843.50	16223.20	19187.67	21961.26
中资金融机构人民币贷款年末余额（亿元）	34546.86	37340.85	39717.35	41337.59	43377.78
一般公共预算收入（亿元）	2410.41	1923.11	2141.06	1846.69	2027.51
一般公共预算支出（亿元）	3555.71	3151.35	3152.55	2729.83	3280.42
全社会房屋建筑竣工面积（万平方米）	2372	2453	2190	2722	3540
港口货物吞吐量（亿吨）	4.92	5.03	5.30	5.49	5.59
邮电业务总量（亿元）	1343.77	1779.54	311.66	319.50	370.69
社会消费品零售总额（亿元）	4218.20	3582.91	3769.78	3571.99	3820.67
实际使用外资金额（亿美元）	47.32	47.35	53.89	59.50	57.75
外贸进出口总额（亿美元）	1066.45	1059.31	1296.75	1244.00	1138.89
#出口	437.94	443.60	592.80	560.82	516.75
城镇非私营单位从业人员工资总额（亿元）	2925.91	2928.79	3178.52	3212.44	3047.11
城镇非私营单位从业人员平均工资（元）	108002	114682	123528	129522	138007

注：本表数据来源于《中国统计年鉴2024》《天津统计年鉴2024》。

表1-2 天津市财政科技支出情况（2019—2023年）

项　目	2019年	2020年	2021年	2022年	2023年
一般公共预算支出（亿元）	3555.71	3151.35	3152.55	2729.83	3280.42
#市级一般公共预算支出	1297.26	1101.90	1097.80	1042.67	1127.49
财政科技支出（亿元）	109.93	118.17	103.97	62.16	77.03
#市级财政科技支出	19.18	26.86	27.88	14.52	24.73
财政科技支出占一般公共预算支出比重（%）	3.09	3.75	3.30	2.28	2.35
市级财政科技支出占市级一般公共预算支出比重（%）	1.48	2.44	2.54	1.39	2.19

表 1-3　天津市研究与试验发展（R&D）投入情况（2019—2023 年）

项　目	2019 年	2020 年	2021 年	2022 年	2023 年
R&D 人员（人）	**143888**	**136341**	**166037**	**160846**	**162051**
#　研究与开发机构	9962	10213	10349	10619	9623
企业	92879	89837	113995	110825	108838
高等学校	35132	32239	37619	34851	38734
其他	5915	4052	4074	4551	4856
R&D 人员全时当量（人年）	**92502**	**90640**	**102986**	**103499**	**110094**
#　研究与开发机构	9120	9468	9696	9990	8889
企业	62332	61357	70201	71927	80009
高等学校	17267	17167	20618	18671	17829
其他	3783	2648	2470	2911	3367
#　基础研究	9518	9196	10203	10908	9386
应用研究	14509	13676	17827	15969	16504
试验发展	68481	67768	74956	76620	84204
R&D 经费内部支出（亿元）	**462.97**	**485.01**	**574.33**	**568.66**	**599.23**
占全市生产总值比重（％）	3.28	3.44	3.66	3.49	3.58
#　研究与开发机构	52.69	54.10	65.13	63.48	56.38
企业	344.09	361.87	406.78	440.48	462.96
高等学校	52.47	57.09	86.42	48.21	62.48
其他	13.72	11.95	16.00	16.49	17.40
#　基础研究	24.67	34.36	58.81	24.81	36.32
应用研究	49.16	52.51	76.87	76.60	73.34
试验发展	389.14	398.14	438.65	467.25	489.58
#　政府资金	76.55	80.43	110.58	75.82	87.25
企业资金	362.27	383.09	440.65	466.34	480.63
国外资金	0.09	1.72	1.01	1.02	1.82
其他资金	24.07	19.77	22.08	25.48	29.54

表1-4 天津市科技产出及成果情况（2019—2023年）

项　目	2019年	2020年	2021年	2022年	2023年
三系统收录科技论文（篇）	22745	27378	28386	33185	—
#　SCI	13127	14452	15871	18464	—
EI	8020	11806	11650	13745	—
CPCI-S	1598	1120	865	976	—
专利授权量（件）	57799	75434	97910	71545	59154
#　高等院校①	4699	5643	5877	6332	5854
科研单位	1174	1453	1719	1369	1343
企业	48737	63888	84591	59404	48919
事业单位②	589	717	1028	1014	927
个人③	2600	3733	4695	3426	2111
#　发明	5025	5262	7376	11745	14319
实用新型	48252	64221	85076	55357	40991
外观设计	4522	5951	5458	4443	3844
专利有效量（件）	198946	245540	308263	332539	366523
#　高等院校①	16383	20926	23196	23629	26988
科研单位	4865	6391	7424	6495	7362
企业	167131	206341	262841	286608	315523
事业单位②	1884	1670	2301	3071	3602
个人③	8683	10212	12501	12736	13048
#　发明	34726	38152	43409	51162	63761
实用新型	149930	189936	244766	260469	279947
外观设计	14290	17452	20088	20908	22815
PCT专利申请数（件）	251	374	444	577	597
高价值专利数（件）	—	15415	17228	19875	25813
天津科技成果登记数（件）	2345	1880	1972	1703	2018
国际领先	93	94	137	129	156
国际先进	239	231	253	264	230
国内领先	298	94	97	80	58
国内先进	185	51	33	4	9

续表

项　目	2019年	2020年	2021年	2022年	2023年
其他	1530	1410	1452	1226	1565
获国家级科学技术奖（项）	**17**	**22**	**—**	**—**	**20**
最高科学技术奖	0	0	—	—	0
自然科学奖	2	2	—	—	3
一等奖	1	0	—	—	0
二等奖	1	2	—	—	3
技术发明奖	0	3	—	—	4
一等奖	0	0	—	—	1
二等奖	0	3	—	—	3
科学技术进步奖	15	17	—	—	13
特等奖	2	1	—	—	0
一等奖	1	5	—	—	4
二等奖	12	11	—	—	9
国际科学技术合作奖	0	0	—	—	0
获天津市科学技术奖（项）	**195**	**191**	**197**	**200**	**177**
自然科学奖	13	9	13	18	21
特等奖	1	1	1	3	2
一等奖	3	3	4	9	6
二等奖	6	3	5	3	12
三等奖	3	2	3	3	1
技术发明奖	7	10	10	8	9
特等奖	—	1	1	2	1
一等奖	2	4	4	3	4
二等奖	3	3	3	2	3
三等奖	2	2	2	1	1
科学技术进步奖	174	172	174	174	147
特等奖	5	5	8	6	4
一等奖	18	26	27	28	20
二等奖	91	99	101	99	95

续表

项 目	2019年	2020年	2021年	2022年	2023年
三等奖	60	42	38	41	28
国际科学技术合作奖	1	0	0	0	0
技术合同成交数（项）	**13977**	**9822**	**12560**	**12514**	**15107**
技术开发	4804	3628	4527	3947	5552
技术转让	394	515	1044	691	700
技术咨询	643	378	518	508	469
技术服务	8136	5301	6471	7268	7941
技术许可	—	—	—	100	445
技术合同成交额（亿元）	**922.63**	**1112.98**	**1321.82**	**1676.53**	**1957.38**
技术开发	73.33	113.94	62.11	92.50	159.48
技术转让	22.00	34.63	73.42	42.65	31.98
技术咨询	83.22	64.35	68.94	109.66	10.09
技术服务	744.08	900.05	1117.35	1428.50	1739.74
技术许可	—	—	—	3.22	16.09
吸纳技术合同成交数（项）	**11264**	**8466**	**9886**	**10627**	**12939**
技术开发	3784	3166	3491	3378	4621
技术转让	315	403	889	555	639
技术咨询	488	392	407	525	694
技术服务	6677	4505	5099	6102	6665
技术许可	—	—	—	67	320
吸纳技术合同成交额（亿元）	**460.77**	**616.97**	**599.59**	**783.41**	**1009.93**
技术开发	52.73	73.62	75.53	112.03	144.99
技术转让	23.73	29.71	74.36	36.96	39.15
技术咨询	18.24	9.21	9.90	6.49	13.17
技术服务	366.07	504.43	439.80	627.40	800.31
技术许可	—	—	—	0.52	12.3

注：本表中2019年数据①为大专院校、②为机关团体、③为非职务专利授权量/有效量。

表1-5 天津市技术市场成交合同分布情况（2023年）

项　　目	合同数（项）	成交额（亿元）
合　计	15107	1957.38
一、按技术流向分		
天津	5088	496.53
外省市	9995	1454.32
技术出口	24	6.53
二、按社会经济目标分		
环境保护、生态建设及污染防治	948	96.80
能源生产、分配和合理利用	1051	248.29
卫生事业发展	1050	36.26
教育事业发展	185	11.10
基础设施以及城市和农村规划	1538	692.52
社会发展和社会服务	4863	475.42
地球和大气层的探索与利用	93	0.90
民用空间探测及开发	89	23.57
农林牧渔业发展	893	5.02
工商业发展	1001	87.39
非定向研究	1086	48.03
其他	2310	232.07
三、按卖方类别分		
机关法人	0	0
事业法人	7444	65.64
社团法人	107	1.23
企业法人	7537	1890.08
自然人	10	0.25
其他组织	9	0.19
四、按买方类别分		
机关法人	677	161.34
事业法人	2216	90.88
社团法人	62	0.22
企业法人	11892	1672.17
自然人	37	0.97
其他组织	223	31.80
五、按知识产权构成分		
专利	1282	438.18
技术秘密	2470	64.49
计算机软件著作权	429	18.36
设计著作权	23	7.47
生物、医药新品种，植物新品种和集成电路布图设计	55	0.95
未涉及知识产权	10848	1427.92

表1-6　天津市高新技术产业主要经济效益指标（2023年）

项目	资产负债率（%）	总资产贡献率（%）	人均营业收入（万元/人）	营业收入利润率（%）
合　计	49.5	5.4	203.8	5.3
一、按企业规模分				
大型	49.7	5.7	230.4	5.0
中型	49.1	3.8	179.0	3.4
小微型	49.6	6.3	196.0	7.0
二、按登记注册类型分				
内资企业	53.1	4.8	174.9	4.8
港澳台商投资企业	44.7	6.6	247.2	8.8
外商投资企业	42.0	6.5	262.2	5.3
三、按技术领域分				
电子信息	42.0	6.0	211.7	6.0
航空航天	55.4	-3.4	93.6	-12.2
光机电一体化	58.0	5.4	173.8	5.0
生物技术和医药	35.0	8.6	160.8	11.6
新材料	47.5	2.8	494.5	0.9
新能源和节能材料	69.5	3.2	251.3	0.8
环境保护	52.4	5.4	138.4	18.7

注：本表数据来源于《天津统计年鉴2024》，高新技术产业为天津地方标准。

表 1-7 天津市各区

项　　目	天津市合计	和平区	河东区	河西区	南开区	河北区	红桥区
常住人口（万人）	1364	34.34	83.89	80.67	86.61	62.55	42.84
户籍人口（万人）	1176	47.63	78.70	97.97	94.09	63.97	50.24
城镇非私营单位从业人员（万人）	216.49	13.14	9.95	14.87	16.11	5.10	3.09
地区生产总值（亿元）	16737.30	670.76	497.50	1154.20	752.86	388.64	198.41
一般公共预算收入（亿元）	2027.51	42.31	34.35	57.18	39.12	22.68	20.25
一般公共预算支出（亿元）	3280.42	61.74	70.93	88.23	76.57	61.03	53.12
财政科技支出（万元）	770293	2943	1342	3286	13899	1758	908
科学技术管理事务	26175	1269	300	1478	1074	205	446
基础研究	6385	0	0	0	0	0	0
应用研究	34036	0	0	0	0	0	0
技术研究与开发	553144	1670	538	1561	106	658	444
科技条件与服务	8045	0	0	127	0	0	0
社会科学	8126	0	0	0	0	0	0
科学技术普及	10143	4	504	120	211	430	0
科技交流与合作	709	0	0	0	0	0	0
科技重大专项	2674	0	0	0	0	0	0
其他科学技术支出	120856	0	0	0	12508	465	18
财政科技支出占一般公共预算支出比重（%）	2.35	0.48	0.19	0.37	1.82	0.29	0.17
规模以上工业企业总资产贡献率（%）	9.24	5.94	6.25	6.46	5.97	2.09	3.14
技术合同输出成交额（亿元）	1957.38	73.44	78.70	100.20	107.02	112.74	99.68
技术合同吸纳成交额（亿元）	1009.93	72.34	22.21	65.11	30.80	8.32	4.91
专利授权量（件）	59154	857	1100	1815	4331	721	1236
# 发明专利	14319	242	208	382	2505	159	795
有效发明专利总数（件）	63761	930	1338	1948	12349	1235	2993

注：由于天津市合计和区级数据均含转移支付资金，本表中财政科技支出相关指标的分项相加有可能不等于合计。

基本情况（2023年）

东丽区	西青区	津南区	北辰区	武清区	宝坻区	滨海新区	宁河区	静海区	蓟州区
83.58	119.47	93.68	93.95	113.82	71.01	202.22	38.52	77.64	79.21
45.91	49.16	59.17	48.70	112.50	76.00	160.00	41.09	64.38	86.75
9.70	13.76	6.80	10.70	16.17	5.29	77.26	4.01	6.35	4.19
720.67	1004.10	575.34	735.88	957.05	422.15	7248.79	317.93	501.16	287.46
58.68	70.49	53.92	62.59	97.61	33.83	565.37	22.87	40.26	22.96
81.18	144.59	95.97	106.57	188.16	106.21	764.37	73.04	102.37	78.86
9571	13100	7081	18909	2175	5108	436015	1075	3806	58
683	574	486	364	980	811	10090	350	306	5
0	0	0	0	0	0	0	0	0	0
0	500	0	3055	0	0	118	0	0	0
8467	6691	6334	14686	1036	438	369900	486	0	0
0	5045	145	267	0	0	238	0	0	0
0	0	0	0	0	0	0	0	0	0
54	65	116	321	139	231	1016	219	0	53
367	0	0	0	0	0	100	20	0	0
0	0	0	0	20	0	2654	0	0	0
0	225	0	216	0	3628	51899	0	3500	0
1.18	0.91	0.74	1.77	0.12	0.48	5.70	0.15	0.37	0.01
7.21	6.29	5.88	7.22	3.85	4.36	12.89	4.09	3.64	0.90
91.22	117.79	104.93	93.64	104.67	35.72	721.77	42.25	41.72	31.87
26.89	54.25	22.92	18.69	104.12	30.94	464.25	34.22	37.21	12.75
3337	4855	4736	4018	4989	2139	20497	970	2860	693
822	1143	1020	748	403	188	5380	39	238	47
3476	4959	3823	4372	2427	776	21844	188	783	320

第二部分

科学研究和技术服务业机构

（一）科学研究和技术服务业事业单位

表 2-1　科学研究和技术服务业事业单位基本情况（2019—2023 年）

项　目	2019 年	2020 年	2021 年	2022 年	2023 年
机构数（个）	**153**	**116**	**97**	**103**	**110**
中央部门属	28	25	24	25	26
非中央部门属	125	91	73	78	84
从业人员期末人数（人）	**16696**	**14667**	**15519**	**15761**	**16349**
#　科技活动人员	14192	12523	13114	13593	13972
研究与试验发展（R&D）投入情况					
R&D 人员（人）	7560	6863	6825	7664	8068
R&D 人员全时当量（人年）	5671	5186	4943	5764	6259
基础研究	687	791	807	935	964
应用研究	1852	1631	1880	2419	2303
试验发展	3132	2764	2256	2410	2992
R&D 经费内部支出（亿元）	31.47	27.54	33.80	33.14	36.17
#　基础研究	3.40	2.71	3.64	3.35	4.72
应用研究	9.39	8.86	9.98	13.53	13.43
试验发展	18.68	15.97	20.18	16.25	18.02
#　政府资金	24.01	20.13	25.93	22.42	23.24
企业资金	2.53	3.51	3.76	5.21	6.47
国外资金	0	0	0	0	0.02
其他资金	4.93	3.90	4.11	5.51	6.45
研究与试验发展（R&D）项目（课题）情况					
R&D 项目（课题）数（项）	2285	2316	2566	2598	2781
R&D 项目（课题）人员全时当量（人年）	4586	4157	3973	4736	5011
R&D 项目（课题）经费内部支出（亿元）	17.70	15.70	16.85	12.82	12.62
科技产出及成果情况					
发表科技论文（篇）	3510	3331	3149	3313	3400
#　国外发表	673	742	847	1210	1393
出版科技著作（种）	137	168	152	123	159
专利申请数（件）	1056	1084	1315	1200	1362
#　发明专利	620	574	666	747	1006
专利授权数（件）	661	732	998	1103	1053
#　发明专利	239	259	424	604	700

表 2-2 科学研究和技术服务业

项　目	机构数（个）	从业人员期末人数（人）	科技活动人员	科技管理人员
合　计	110	16349	13972	2516
一、按机构隶属关系分				
中央部门属	26	8700	6988	962
非中央部门属	84	7649	6984	1554
二、按机构从事的国民经济行业分				
研究和试验发展	55	8610	6557	1336
专业技术服务业	45	5254	4930	979
科技推广和应用服务业	10	2485	2485	201
三、按机构服务的国民经济行业分				
农、林、牧、渔业	2	132	129	38
采矿业与制造业	11	1690	1569	324
电力、热力、燃气及水生产和供应业	2	87	67	16
信息传输、软件和信息技术服务业与租赁和商务服务业	5	222	202	63
科学研究和技术服务业	76	11016	10446	1806
水利、环境和公共设施管理业	6	592	577	103
卫生和社会工作	5	2238	617	119
公共管理、社会保障和社会组织	3	372	365	47
四、按机构所属学科分				
自然科学	26	3758	3573	730
农业科学	4	852	850	220
医药科学	10	2578	926	234
工程与技术科学	63	8435	7915	1183
人文与社会科学	7	726	708	149
五、按机构从业人员规模分				
≥1000人	2	3631	2271	152
500～999人	2	1084	1051	160
300～499人	8	3077	2860	449
200～299人	11	2720	2369	496
100～199人	25	3493	3322	742
50～99人	21	1523	1336	325
30～49人	11	399	392	101
20～29人	9	219	205	42
10～19人	12	165	129	31
0～9人	9	38	37	18

第二部分 科学研究和技术服务业机构

事业单位人员情况（2023年）

科研业务人员	对内科技服务人员	生产经营活动人员	其他人员	外聘的流动学者（人）	非本单位在读研究生（人）	离退休人员（人）
8408	3048	235	2142	1483	922	7865
3772	2254	102	1610	282	732	3386
4636	794	133	532	1201	190	4479
4665	556	166	1887	1177	908	4813
3375	576	69	255	230	5	3007
368	1916	0	0	76	9	45
86	5	11	0	3	0	5
986	259	62	59	218	140	475
27	24	3	17	4	0	193
137	2	20	0	0	12	20
6001	2639	150	420	1239	435	5582
452	22	0	15	0	0	483
454	44	0	1621	14	335	909
265	53	0	7	8	0	198
2497	346	75	110	275	208	2216
508	122	2	0	88	0	479
632	60	5	1647	209	405	1155
4249	2483	153	367	911	309	3199
522	37	0	18	0	0	816
241	1878	0	1360	14	335	406
756	135	2	31	26	0	728
2141	270	62	155	106	154	1736
1718	155	9	342	243	198	2025
2233	347	31	140	454	45	1859
853	158	90	97	4	12	754
224	67	5	2	86	52	139
147	16	9	5	133	0	161
83	15	27	9	18	101	57
12	7	0	1	399	25	0

表 2-2 科学研究和技术服务业

项 目	科技活动人员	按学历学位分		
		博士毕业	硕士毕业	本科毕业
合 计	13972	1862	6400	4707
一、按机构隶属关系分				
中央部门属	6988	1245	4028	1380
非中央部门属	6984	617	2372	3327
二、按机构从事的国民经济行业分				
研究和试验发展	6557	1392	2671	2030
专业技术服务业	4930	365	1657	2386
科技推广和应用服务业	2485	105	2072	291
三、按机构服务的国民经济行业分				
农、林、牧、渔业	129	11	43	73
采矿业与制造业	1569	322	646	511
电力、热力、燃气及水生产和供应业	67	1	11	35
信息传输、软件和信息技术服务业与租赁和商务服务业	202	5	94	84
科学研究和技术服务业	10446	1272	5089	3338
水利、环境和公共设施管理业	577	46	223	274
卫生和社会工作	617	180	173	214
公共管理、社会保障和社会组织	365	25	121	178
四、按机构所属学科分				
自然科学	3573	619	1645	1115
农业科学	850	142	292	307
医药科学	926	262	305	281
工程与技术科学	7915	636	3882	2824
人文与社会科学	708	203	276	180
五、按机构从业人员规模分				
≥1000人	2271	223	1950	85
500～999人	1051	274	413	294
300～499人	2860	442	1301	836
200～299人	2369	466	835	872
100～199人	3322	303	1130	1614
50～99人	1336	62	470	678
30～49人	392	49	163	162
20～29人	205	33	74	89
10～19人	129	7	47	61
0～9人	37	3	17	16

事业单位人员情况（2023年）（续）

单位：人

		按职称分			
大专毕业	其他	高级职称	中级职称	初级职称	其他
643	360	4478	5150	1766	2578
241	94	2227	3027	629	1105
402	266	2251	2123	1137	1473
260	204	2721	1987	754	1095
372	150	1506	1719	861	844
11	6	251	1444	151	639
1	1	44	56	12	17
55	35	414	454	256	445
14	6	35	17	3	12
17	2	32	31	41	98
465	282	3253	4066	1274	1853
11	23	294	195	65	23
43	7	205	270	92	50
37	4	201	61	23	80
147	47	1470	1149	414	540
62	47	369	259	58	164
64	14	296	396	142	92
354	219	1979	3137	1083	1716
16	33	364	209	69	66
9	4	258	1491	103	419
25	45	529	341	73	108
136	145	1024	875	358	603
125	71	943	683	362	381
219	56	1129	1071	498	624
97	29	379	451	274	232
13	5	127	106	48	111
6	3	62	65	24	54
12	2	23	58	14	34
1	0	4	9	12	12

表 2-3 科学研究和技术服务业

项　目	经费收入总额	科技活动收入	政府资金
合　计	1049697	763142	467267
一、按机构隶属关系分			
中央部门属	660615	423901	283644
非中央部门属	389081	339241	183623
二、按机构从事的国民经济行业分			
研究和试验发展	671628	415674	282085
专业技术服务业	281675	253340	112938
科技推广和应用服务业	96394	94129	72245
三、按机构服务的国民经济行业分			
农、林、牧、渔业	6110	5942	5336
采矿业与制造业	116095	111510	69625
电力、热力、燃气及水生产和供应业	2397	946	507
信息传输、软件和信息技术服务业与租赁和商务服务业	19570	14493	3899
科学研究和技术服务业	589539	546397	345137
水利、环境和公共设施管理业	29913	24114	12746
卫生和社会工作	270093	44265	21635
公共管理、社会保障和社会组织	15980	15476	8382
四、按机构所属学科分			
自然科学	220743	208023	155451
农业科学	38220	37665	26967
医药科学	308118	82107	54747
工程与技术科学	449793	403919	202166
人文与社会科学	32823	31428	27936
五、按机构从业人员规模分			
≥1000人	313284	97423	78182
500～999人	82171	77004	35033
300～499人	186619	178061	101129
200～299人	124432	109326	74959
100～199人	189922	175060	97957
50～99人	77753	64863	28485
30～49人	19536	16025	11545
20～29人	18848	9446	5813
10～19人	6336	5504	4644
0～9人	30796	30431	29521

第二部分 科学研究和技术服务业机构

事业单位经费收入情况（2023年）

单位：万元

财政拨款	承担政府科研项目收入	其他	非政府资金	# 技术性收入	# 国外资金	生产经营活动收入	其他收入
318713	76816	71738	295875	278706	267	32047	254508
159524	59624	64497	140257	130049	267	9948	226766
159189	17192	7242	155618	148657	0	22098	27742
212899	66847	2339	133589	124584	8	13459	242495
99662	8751	4525	140402	133378	259	18587	9748
6152	1218	64875	21884	20744	0	0	2265
5336	0	0	606	116	0	0	168
42985	26440	200	41884	39663	0	1700	2885
507	0	0	439	49	0	664	787
1508	2391	0	10594	10594	0	5056	21
227509	46386	71242	201260	188350	267	24627	18515
12370	79	296	11368	10212	0	0	5800
21572	63	0	22630	22630	0	0	225828
6926	1455	0	7094	7094	0	0	504
113802	41555	94	52572	49233	8	7432	5288
21431	5536	0	10698	7495	0	5	550
52619	1891	237	27360	25124	0	26	225985
104386	26381	71399	201754	193376	259	24584	21290
26475	1453	8	3492	3479	0	0	1395
13612	324	64247	19241	19241	0	0	215861
24255	10778	0	41971	41422	259	5	5162
61677	39073	379	76931	76927	8	4321	4238
64467	10492	0	34367	28469	0	4407	10700
81711	12277	3968	77103	69333	0	4386	10475
25531	2576	378	36378	35976	0	7695	5195
10061	837	647	4480	3964	0	1726	1785
5585	89	139	3633	1785	0	8961	442
3143	48	1453	860	730	0	470	362
28672	322	527	910	861	0	76	288

表 2-4 科学研究和技术服务业

项　目	经费内部支出总额	科技经费内部支出	日常性支出
合　计	1027669	757726	677123
一、按机构隶属关系分			
中央部门属	649057	413545	367034
非中央部门属	378612	344182	310089
二、按机构从事的国民经济行业分			
研究和试验发展	659650	409664	349093
专业技术服务业	269117	251674	233171
科技推广和应用服务业	98902	96389	94859
三、按机构服务的国民经济行业分			
农、林、牧、渔业	6206	5204	4464
采矿业与制造业	96991	94600	81053
电力、热力、燃气及水生产和供应业	2319	1348	1345
信息传输、软件和信息技术服务业与租赁和商务服务业	23492	19348	17808
科学研究和技术服务业	589387	553191	490983
水利、环境和公共设施管理业	30205	28100	26475
卫生和社会工作	263493	41032	40284
公共管理、社会保障和社会组织	15575	14904	14710
四、按机构所属学科分			
自然科学	223212	209284	178966
农业科学	36869	35418	32278
医药科学	305398	82839	56799
工程与技术科学	429814	399176	378433
人文与社会科学	32376	31010	30648
五、按机构从业人员规模分			
≥1000人	306080	91750	91263
500～999人	75476	73155	68471
300～499人	183435	174134	152176
200～299人	125698	107591	96786
100～199人	196775	187011	167060
50～99人	79201	68543	65366
30～49人	20419	18912	17489
20～29人	12623	10200	9437
10～19人	6311	4958	4901
0～9人	21652	21472	4174

事业单位经费支出情况（2023年）

单位：万元

人员劳务费	其他日常性支出	资产性支出	# 仪器与设备支出	# 科研土建工程	生产经营支出	其他支出
391781	285342	80603	50207	25972	24731	245212
215790	151244	46511	34570	8645	13162	222350
175991	134098	34093	15637	17327	11568	22863
188000	161093	60571	37762	20890	14167	235820
136005	97167	18503	10924	5083	10276	7167
67776	27083	1530	1522	0	287	2226
3435	1029	739	739	0	891	112
45755	35298	13546	9925	2584	186	2206
1220	125	3	3	0	701	270
4139	13669	1539	1489	0	1790	2356
296727	194256	62208	35851	23388	15581	20614
18567	7908	1625	1613	0	0	2105
14703	25581	748	393	0	5563	216898
7233	7477	193	193	0	20	652
107361	71606	30318	22819	5321	2619	11310
21392	10886	3140	2046	1094	928	523
25464	31336	26040	7721	17839	5596	216963
218487	159946	20744	17387	1719	15587	15051
19077	11570	363	234	0	0	1366
62597	28666	487	255	0	5760	208570
38644	29826	4685	2825	1695	869	1452
85520	66656	21959	15340	4925	3890	5410
59708	37078	10806	9879	890	3369	14738
91920	75140	19951	14738	3728	4327	5437
32954	32413	3177	2420	528	4036	6622
11331	6158	1423	1420	0	111	1396
5137	4300	763	444	0	1660	763
2973	1928	57	57	0	580	773
997	3177	17298	2829	14206	130	51

表 2-5 科学研究和技术服务业

项　目	科研基建	政府资金
合　计	37785	34828
一、按机构隶属关系分		
中央部门属	18419	15523
非中央部门属	19366	19305
二、按机构从事的国民经济行业分		
研究和试验发展	29753	26864
专业技术服务业	8032	7964
科技推广和应用服务业	0	0
三、按机构服务的国民经济行业分		
农、林、牧、渔业	0	0
采矿业与制造业	2636	2028
电力、热力、燃气及水生产和供应业	0	0
信息传输、软件和信息技术服务业与租赁和商务服务业	0	0
科学研究和技术服务业	35148	32801
水利、环境和公共设施管理业	0	0
卫生和社会工作	0	0
公共管理、社会保障和社会组织	0	0
四、按机构所属学科分		
自然科学	13093	10806
农业科学	1194	1194
医药科学	21439	21439
工程与技术科学	2050	1381
人文与社会科学	9	9
五、按机构从业人员规模分		
≥ 1000 人	0	0
500～999 人	2001	2001
300～499 人	10049	7142
200～299 人	2865	2858
100～199 人	6242	6200
50～99 人	545	545
30～49 人	293	293
20～29 人	0	0
10～19 人	8	8
0～9 人	15782	15782

第二部分 科学研究和技术服务业机构

事业单位基本建设情况（2023年）

单位：万元

企业资金	事业单位自筹资金	国外资金	其他资金
0	2956	0	0
0	2895	0	0
0	61	0	0
0	2889	0	0
0	68	0	0
0	0	0	0
0	0	0	0
0	609	0	0
0	0	0	0
0	0	0	0
0	2348	0	0
0	0	0	0
0	0	0	0
0	2287	0	0
0	0	0	0
0	669	0	0
0	0	0	0
0	0	0	0
0	0	0	0
0	2907	0	0
0	7	0	0
0	42	0	0
0	0	0	0
0	0	0	0
0	0	0	0
0	0	0	0

表 2-6 科学研究和技术服务业

项　目	年末固定资产原价（万元）	#科研房屋建筑物	#科学仪器设备
合　计	1739975	409382	963636
一、按机构隶属关系分			
中央部门属	764244	220992	405234
非中央部门属	975732	188390	558402
二、按机构从事的国民经济行业分			
研究和试验发展	910942	289472	398714
专业技术服务业	514341	119910	305926
科技推广和应用服务业	314692	0	258996
三、按机构服务的国民经济行业分			
农、林、牧、渔业	22218	6464	4593
采矿业与制造业	223952	83613	127388
电力、热力、燃气及水生产和供应业	1284	60	485
信息传输、软件和信息技术服务业与租赁和商务服务业	245665	0	244043
科学研究和技术服务业	944378	274490	496573
水利、环境和公共设施管理业	124929	31280	58347
卫生和社会工作	157919	7398	20056
公共管理、社会保障和社会组织	19630	6077	12149
四、按机构所属学科分			
自然科学	363281	89826	234050
农业科学	208915	110498	48964
医药科学	216534	30061	56512
工程与技术科学	924534	172142	618906
人文与社会科学	26711	6856	5204
五、按机构从业人员规模分			
≥1000人	106813	7039	16040
500～999人	271241	171308	98264
300～499人	265022	104281	147133
200～299人	265545	30291	146173
100～199人	392151	82336	225740
50～99人	341495	12946	287867
30～49人	31008	255	26417
20～29人	17637	902	6891
10～19人	43924	24	4315
0～9人	5139	0	4796

第二部分 科学研究和技术服务业机构

事业单位固定资产情况（2023年）

		科学仪器设备数量（台/套）	
# 进口	# 单价100万元以上		# 单价100万元以上
127062	469047	122987	1210
33789	151747	59523	698
93273	317300	63464	512
54991	154318	72337	713
72071	98718	36308	447
0	216011	14342	50
0	302	2024	2
17948	51519	21998	200
0	108	403	1
358	213073	8129	35
86320	171065	75768	820
5987	20116	4165	94
10797	6655	8043	28
5653	6210	2457	30
8799	82617	38286	399
614	16040	11377	72
39201	18623	11936	87
78448	351766	56385	652
0	0	5003	0
8044	5590	6015	22
614	35799	12694	142
5655	44190	27605	192
16127	58368	17573	311
84549	81358	35200	387
6352	227644	14651	92
2068	11218	5199	46
1638	1671	2099	8
0	0	604	0
2017	3209	1347	10

表 2-7 科学研究和技术服务业事业单位

项　目	课题数（项）	#R&D 课题	课题人员折合全时当量（人年）	基础研究	应用研究	试验发展
合　计	4033	2781	6675.3	780.5	1880.7	2349.8
一、按机构隶属关系分						
中央部门属	2400	1726	3857.8	573.0	1272.3	1056.1
非中央部门属	1633	1055	2817.5	207.5	608.4	1293.7
二、按课题来源分						
国家科技项目	1159	960	2479.7	500.2	948.6	600.2
地方科技项目	910	616	1552.9	116.7	324.3	642.5
企业委托科技项目	1228	641	1024.5	10.7	150.3	404.2
自选科技项目	353	301	666.5	52.1	267.5	303.2
国际合作科技项目	14	8	16.9	0.3	4.3	4.2
其他科技项目	369	255	934.8	100.5	185.7	395.5
三、按课题所属学科分						
自然科学	944	765	1956.5	214.1	704.4	522.0
农业科学	157	95	316.3	10.7	29.2	141.3
医药科学	348	313	960.6	289.0	334.4	211.6
工程与技术科学	2287	1454	3082.8	139.7	654.7	1474.9
人文与社会科学	297	154	359.1	127.0	158.0	0
四、按课题技术领域分						
非技术领域	330	158	317.2	93.0	133.0	5.0
信息技术	172	147	583.9	0.5	178.9	356.0
生物和现代农业技术	880	778	1424.4	325.6	402.4	471.9
新材料技术	33	30	72.2	7.9	2.6	57.4
能源技术	13	9	32.7	0	17.0	10.0
激光技术	1	1	0.4	0	0	0.4
先进制造与自动化技术	461	314	474.8	2.0	35.3	354.6
航天技术	10	5	13.1	0	0	7.8
资源与环境技术	588	318	1321.9	72.3	514.0	293.0
其他技术领域	1545	1021	2434.7	279.2	597.5	793.7
五、按课题的社会经济目标分						
环境保护、生态建设及污染防治	727	448	1054.6	92.1	220.2	331.5
能源生产、分配和合理利用	125	88	190.9	8.2	101.1	33.4
卫生事业发展	470	431	1036.5	271.2	282.0	352.7

课题经费内部支出情况（2023 年）

R&D 成果应用	科技服务	课题经费内部支出（万元）	# 政府资金	基础研究	应用研究	试验发展	R&D 成果应用	科技服务
505.8	1158.5	161306	97390	7988	52264	65991	8673	26391
289.1	667.3	103502	76102	7158	43571	26648	4721	21404
216.7	491.2	57805	21288	830	8693	39342	3952	4987
179.5	251.2	68690	61098	5881	33917	17475	3292	8124
148.7	320.7	27447	21302	1119	3525	14378	2934	5491
97.4	361.9	47586	393	170	7566	26553	1661	11637
20.1	23.6	6011	5192	187	2484	2808	428	103
3.7	4.4	213	127	24	55	74	22	38
56.4	196.7	11361	9278	608	4717	4702	336	998
175.0	341.0	57452	52931	3773	24759	15975	2908	10037
103.1	32.0	3016	2954	55	301	1636	730	294
38.0	87.6	12677	11833	2010	7069	3354	168	76
189.6	623.9	87179	28860	1951	19927	45025	4861	15416
0.1	74.0	982	813	199	208	0	7	569
0.1	86.1	801	801	154	137	0	7	504
25.8	22.7	19831	9526	14	5769	12009	1625	412
157.8	66.7	32986	31646	4709	13469	12113	1639	1056
4.3	0	1227	647	118	85	1010	14	0
2.0	3.7	471	442	0	280	169	5	17
0	0	10	10	0	0	10	0	0
18.1	64.8	25072	2395	16	960	22930	331	836
5.3	0	171	147	0	0	74	97	0
124.5	318.1	38061	32551	1563	20315	6241	2801	7141
167.9	596.4	42677	19225	1415	11249	11433	2156	16425
74.2	336.6	17212	11103	1541	3319	4112	1342	6898
7.9	40.3	8485	7190	470	5386	1216	393	1019
52.7	77.9	14317	13446	1884	7118	4846	400	68

项　目	课题数（项）	#R&D课题	课题人员折合全时当量（人年）	基础研究	应用研究	试验发展
教育事业发展	25	17	83.1	37.0	40.0	0
基础设施以及城市和农村规划	425	235	316.8	5.8	122.9	81.9
基础社会发展和社会服务	388	210	545.8	83.0	127.2	176.2
地球和大气层的探索与利用	374	219	1151.5	95.2	431.3	228.7
民用空间探测及开发	8	6	21.7	0	0	12.9
农林牧渔业发展	226	146	448.3	29.6	58.5	204.3
工商业发展	816	560	982.5	13.6	219.5	548.5
非定向研究	298	298	398.4	138.8	259.6	0
其他民用目标	122	94	255.2	6.0	18.4	189.7
国防	29	29	190.0	0	0	190.0
六、按课题合作形式分						
独立完成	3373	2283	5194.1	679.8	1438.1	1714.3
与境内独立研究机构合作	181	147	559.9	68.7	254.2	160.9
与境内高等学校合作	141	128	339.2	19.0	97.1	195.9
与境内注册其他企业合作	223	146	418.7	11.4	71.7	186.0
与境外机构合作	9	9	9.8	1.6	1.8	6.4
其他	106	68	153.6	0	17.8	86.3
七、按课题服务的国民经济行业分						
农、林、牧、渔业	236	160	379.7	30.4	49.4	146.7
采矿业	14	5	39.7	0	0	15.1
制造业	786	605	924.9	50.3	190.9	532.8
电力、热力、燃气及水生产和供应业	103	67	153.1	1.2	29.2	74.2
建筑业	61	40	39.5	0	8.0	24.3
批发和零售业	1	1	1.6	1.6	0	0
交通运输、仓储和邮政业	125	20	82.3	0	7.4	8.6
信息传输、软件和信息技术服务业	77	59	243.2	0	65.0	145.2
租赁和商务服务业	0	0	0	0	0	0
科学研究和技术服务业	1979	1457	3496.6	390.0	1182.0	1081.3
水利、环境和公共设施管理业	241	112	475.0	55.8	96.9	120.8
教育	31	19	88.1	37.0	40.0	2.6
卫生和社会工作	262	232	709.9	214.2	203.9	196.2
公共管理、社会保障和社会组织	115	2	39.7	0	8.0	0
国际组织	2	2	2.0	0	0	2.0

续表

R&D 成果应用	科技服务	课题经费内部支出（万元）	# 政府资金	基础研究	应用研究	试验发展	R&D 成果应用	科技服务
0	6.1	217	172	80	90	0	0	47
1.6	104.6	15894	3193	48	7205	3730	32	4879
23.4	136.0	7393	4475	737	1410	2978	211	2057
149.0	247.3	34595	28228	408	14723	8413	2992	8059
3.8	5.0	102	45	0	0	48	34	20
100.7	55.2	5351	4997	299	1065	2576	736	676
77.4	123.5	41368	10971	422	4382	31543	2487	2535
0	0	9644	9589	2091	7553	0	0	0
15.1	26.0	5380	3566	8	13	5180	46	133
0	0	1349	414	0	0	1349	0	0
348.7	1013.2	129641	75524	7581	39730	52455	6194	23680
60.2	15.9	11209	9405	277	6239	4007	618	67
14.2	13.0	9580	7169	109	5250	2711	394	1116
74.6	75.0	9052	4121	8	771	5649	1433	1191
0	0	110	106	13	9	87	0	0
8.1	41.4	1715	1065	0	264	1082	33	336
85.8	67.4	4850	4549	494	909	2106	667	675
1.0	23.6	685	559	0	0	116	34	535
72.6	78.3	37989	12645	1810	4752	28780	1409	1238
30.7	17.8	4204	1788	35	1070	1832	732	535
0	7.2	704	221	0	210	291	0	203
0	0	3	3	3	0	0	0	0
1.4	64.9	5619	372	0	516	633	159	4311
24.5	8.5	9982	4503	0	1150	7128	1614	90
0	0	0	0	0	0	0	0	0
211.9	631.4	76304	56669	3008	34320	20593	2610	15772
47.8	153.7	8983	4453	1183	2756	1277	1177	2592
0	8.5	380	329	80	90	39	0	171
30.0	65.6	11172	10866	1376	6490	3011	264	31
0.1	31.6	248	248	0	3	0	7	239
0	0	184	184	0	0	184	0	0

表 2-8 科学研究和技术服务业事业

项　目	R&D 人员（人）	# 女性	按工作量分	
			R&D 全时人员	R&D 非全时人员
合　计	**8068**	**3421**	**5229**	**2839**
一、按机构隶属关系分				
中央部门属	4343	1879	3206	1137
非中央部门属	3725	1542	2023	1702
二、按机构从事的国民经济行业分				
研究和试验发展	5872	2735	4051	1821
专业技术服务业	1835	576	898	937
科技推广和应用服务业	361	110	280	81
三、按机构服务的国民经济行业分				
农、林、牧、渔业	80	37	56	24
采矿业与制造业	1196	533	918	278
电力、热力、燃气及水生产和供应业	32	11	15	17
信息传输、软件和信息技术服务业与租赁和商务服务业	128	40	109	19
科学研究和技术服务业	5431	2038	3574	1857
水利、环境和公共设施管理业	372	171	96	276
卫生和社会工作	731	542	426	305
公共管理、社会保障和社会组织	98	49	35	63
四、按机构所属学科分				
自然科学	2728	1053	1995	733
农业科学	475	208	320	155
医药科学	1137	764	745	392
工程与技术科学	3300	1114	1768	1532
人文与社会科学	428	282	401	27
五、按机构从业人员规模分				
≥1000 人	619	463	371	248
500～999 人	622	260	486	136
300～499 人	2147	812	1351	796
200～299 人	1476	585	1198	278
100～199 人	1873	805	981	892
50～99 人	366	103	220	146
30～49 人	302	154	130	172
20～29 人	220	60	202	18
10～19 人	163	36	127	36
0～9 人	280	143	163	117

单位 R&D 人员情况（2023 年）

按学历学位分				R&D 人员折合全时当量（人年）	#研究人员	按活动类型分		
博士毕业	硕士毕业	本科毕业	其他			基础研究	应用研究	试验发展
1946	3451	2320	351	6259	4312	964	2303	2992
1088	2024	1035	196	3592	2641	693	1550	1349
858	1427	1285	155	2667	1671	271	753	1643
1665	2415	1566	226	4724	3166	798	1802	2124
240	882	594	119	1202	922	166	501	535
41	154	160	6	333	224	0	0	333
10	36	34	0	56	56	0	14	42
362	470	300	64	1040	750	137	326	577
1	6	15	10	23	15	0	0	23
5	77	39	7	117	41	0	0	117
1346	2353	1501	231	4271	3077	614	1713	1944
39	157	167	9	163	66	4	41	118
168	316	231	16	526	261	209	209	108
15	36	33	14	63	46	0	0	63
597	1322	678	131	2197	1701	330	957	910
122	202	137	14	377	276	39	92	246
384	447	275	31	877	456	297	347	233
666	1319	1148	167	2400	1512	131	686	1583
177	161	82	8	408	367	167	221	20
159	284	168	8	440	220	209	165	66
199	281	128	14	541	438	44	239	258
455	1096	495	101	1584	1157	141	635	808
407	622	385	62	1333	1106	348	559	426
349	705	710	109	1313	824	161	397	755
29	140	161	36	278	157	0	48	230
51	112	125	14	220	123	51	21	148
86	91	41	2	206	145	0	159	47
18	58	83	4	137	29	2	21	114
193	62	24	1	207	113	8	59	140

表 2-9 科学研究和技术服务业事业单位

项 目	R&D 经费内部支出	按活动类型分			日常性支出	人员劳务费
		基础研究	应用研究	试验发展		
合 计	361741	47197	134347	180198	309444	166815
一、按机构隶属关系分						
中央部门属	225285	35558	98623	91103	197634	110853
非中央部门属	136457	11639	35723	89094	111810	55962
二、按机构从事的国民经济行业分						
研究和试验发展	267846	38127	99122	130596	227005	122350
专业技术服务业	78887	9070	35225	34592	68105	39752
科技推广和应用服务业	15009	0	0	15009	14335	4713
三、按机构服务的国民经济行业分						
农、林、牧、渔业	2576	0	1345	1231	2576	1909
采矿业与制造业	66964	7594	21211	38160	54280	29823
电力、热力、燃气及水生产和供应业	621	0	0	621	618	565
信息传输、软件和信息技术服务业与租赁和商务服务业	14158	0	0	14158	13461	2513
科学研究和技术服务业	238443	37471	91889	109084	201675	116129
水利、环境和公共设施管理业	8934	67	3025	5842	7401	5431
卫生和社会工作	25631	2066	16877	6689	25100	8791
公共管理、社会保障和社会组织	4414	0	0	4414	4333	1655
四、按机构所属学科分						
自然科学	124994	19607	49897	55490	106030	68995
农业科学	17670	1351	4853	11466	16027	10363
医药科学	53694	11321	23886	18487	36188	16043
工程与技术科学	148165	8644	45838	93683	134038	59754
人文与社会科学	17219	6275	9873	1071	17161	11661
五、按机构从业人员规模分						
≥1000人	22649	2066	14957	5626	22168	6639
500～999人	39800	1594	21875	16331	37559	20675
300～499人	95946	7690	32303	55953	82424	51317
200～299人	63124	19029	30712	13383	56529	35623
100～199人	87917	12872	24707	50337	74034	36869
50～99人	21556	0	873	20684	20526	6464
30～49人	11122	3644	1705	5774	9745	5404
20～29人	4645	0	3724	921	3953	2262
10～19人	1418	89	922	407	1388	797
0～9人	13564	214	2568	10782	1118	766

R&D 经费内部支出情况（2023 年）

单位：万元

按经费类别分						按经费来源分			
其他日常性支出	资产性支出	土建费	仪器与设备支出	资本化的计算机软件支出	专利和专有技术支出	政府资金	企业资金	国外资金	其他资金
142629	52298	19849	29476	2148	824	232385	64676	158	64522
86780	27651	6416	18689	1724	822	157291	37745	158	30090
55848	24647	13433	10787	424	1	75094	26931	0	34431
104655	40841	16989	22437	1362	53	184829	44017	0	38999
28352	10782	2861	6365	786	770	44266	17719	158	16743
9621	674	0	674	0	0	3290	2940	0	8779
667	0	0	0	0	0	2576	0	0	0
24457	12685	2584	9183	918	0	40914	9457	0	16594
53	3	0	3	0	0	0	272	0	349
10949	697	0	649	48	0	3834	53	0	10272
85545	36769	17265	17736	944	824	157693	47612	158	32981
1971	1533	0	1521	12	0	5355	0	0	3579
16309	531	0	305	227	0	18309	7283	0	39
2678	81	0	81	0	0	3705	0	0	709
37036	18964	3921	13408	814	821	101422	11019	0	12553
5664	1643	610	1033	0	0	13241	11	0	4418
20144	17506	14430	2815	262	0	43187	8013	0	2495
74284	14127	889	12163	1072	3	57317	45634	158	45055
5500	58	0	58	0	0	17219	0	0	0
15529	481	0	255	226	0	15327	7283	0	39
16884	2241	917	1239	85	0	15785	17199	158	6658
31107	13523	3716	8772	1035	0	62880	9742	0	23325
20906	6596	713	5854	25	3	55896	2466	0	4762
37166	13882	3707	9036	371	769	52551	22325	0	13041
14062	1030	0	931	48	52	6266	1156	0	14134
4340	1378	0	1376	2	0	5661	3111	0	2350
1692	691	0	379	312	0	3825	612	0	208
591	30	0	30	0	0	1413	0	0	5
352	12447	10796	1605	45	0	12782	783	0	0

表 2-10 科学研究和技术服务业事业单位

项　目	R&D日常性支出	按活动类型分		
		基础研究	应用研究	试验发展
合　计	309444	40353	118551	150540
一、按机构隶属关系分				
中央部门属	197634	29629	90372	77633
非中央部门属	111810	10724	28179	72907
二、按机构从事的国民经济行业分				
研究和试验发展	227005	33195	88004	105806
专业技术服务业	68105	7158	30547	30400
科技推广和应用服务业	14335	0	0	14335
三、按机构服务的国民经济行业分				
农、林、牧、渔业	2576	0	1345	1231
采矿业与制造业	54280	6743	15474	32062
电力、热力、燃气及水生产和供应业	618	0	0	618
信息传输、软件和信息技术服务业与租赁和商务服务业	13461	0	0	13461
科学研究和技术服务业	201675	31540	82967	87167
水利、环境和公共设施管理业	7401	48	2238	5116
卫生和社会工作	25100	2022	16527	6552
公共管理、社会保障和社会组织	4333	0	0	4333
四、按机构所属学科分				
自然科学	106030	15954	43346	46730
农业科学	16027	1195	4542	10290
医药科学	36188	8846	19482	7860
工程与技术科学	134038	8111	41337	84589
人文与社会科学	17161	6248	9842	1071
五、按机构从业人员规模分				
≥1000人	22168	2022	14640	5507
500～999人	37559	1432	21117	15010
300～499人	82424	6859	28787	46778
200～299人	56529	16932	28831	10766
100～199人	74034	9875	18629	45531
50～99人	20526	0	815	19711
30～49人	9745	3006	1408	5332
20～29人	3953	0	3042	911
10～19人	1388	89	921	379
0～9人	1118	140	363	615

R&D 日常性支出情况（2023年）

单位：万元

按经费来源分				
政府资金	企业资金	事业单位资金	国外资金	其他资金
189460	**64149**	**50250**	**158**	**5427**
133442	37598	24072	158	2364
56018	26551	26178	0	3063
150525	43490	30626	0	2364
36140	17719	13387	158	701
2796	2940	6237	0	2362
2576	0	0	0	0
31343	9418	13518	0	0
0	272	346	0	0
3317	52	10092	0	0
126041	47184	22866	158	5427
4659	0	2742	0	0
17843	7223	34	0	0
3681	0	653	0	0
82912	10921	11500	0	697
13102	11	2915	0	0
26095	7603	126	0	2364
50191	45615	35709	158	2366
17161	0	0	0	0
14911	7223	34	0	0
15198	17199	5005	158	0
52912	9654	19858	0	0
49577	2466	2124	0	2362
41873	22306	7491	0	2364
5484	1156	13886	0	0
4303	3101	1644	0	697
3134	612	204	0	4
1383	0	5	0	0
685	432	0	0	0

表 2-11 科学研究和技术服务业事业单位

项　目	R&D 经费外部支出	对境内研究机构支出
合　计	2211	1260
一、按机构隶属关系分		
中央部门属	0	0
非中央部门属	2211	1260
二、按机构从事的国民经济行业分		
研究和试验发展	2092	1203
专业技术服务业	119	57
科技推广和应用服务业	0	0
三、按机构服务的国民经济行业分		
农、林、牧、渔业	0	0
采矿业与制造业	898	653
电力、热力、燃气及水生产和供应业	0	0
信息传输、软件和信息技术服务业与租赁和商务服务业	0	0
科学研究和技术服务业	1313	607
水利、环境和公共设施管理业	0	0
卫生和社会工作	0	0
公共管理、社会保障和社会组织	0	0
四、按机构所属学科分		
自然科学	1177	1153
农业科学	0	0
医药科学	130	50
工程与技术科学	904	57
人文与社会科学	0	0
五、按机构从业人员规模分		
≥1000 人	0	0
500～999 人	0	0
300～499 人	0	0
200～299 人	0	0
100～199 人	453	57
50～99 人	218	0
30～49 人	730	500
20～29 人	3	0
10～19 人	0	0
0～9 人	807	703

R&D 经费外部支出情况（2023 年）

单位：万元

对境内高等学校支出	对境内企业支出	对境内其他单位支出	对境外机构支出
596	355	0	0
0	0	0	0
596	355	0	0
534	355	0	0
62	0	0	0
0	0	0	0
0	0	0	0
242	3	0	0
0	0	0	0
0	0	0	0
354	352	0	0
0	0	0	0
0	0	0	0
0	0	0	0
24	0	0	0
0	0	0	0
80	0	0	0
492	355	0	0
0	0	0	0
0	0	0	0
0	0	0	0
0	0	0	0
0	0	0	0
274	122	0	0
218	0	0	0
0	230	0	0
0	3	0	0
0	0	0	0
104	0	0	0

表 2-12　科学研究和技术服务业事业

项　目	专利申请受理数（件）	#发明专利	专利授权数（件）	#发明专利	#国外授权	有效发明专利数（件）
合　计	1362	1006	1053	700	7	3693
一、按机构隶属关系分						
中央部门属	934	735	662	452	5	2367
非中央部门属	428	271	391	248	2	1326
二、按机构从事的国民经济行业分						
研究和试验发展	897	720	670	491	7	2894
专业技术服务业	435	256	343	172	0	675
科技推广和应用服务业	30	30	40	37	0	124
三、按机构服务的国民经济行业分						
农、林、牧、渔业	19	0	13	5	0	38
采矿业与制造业	409	348	177	146	5	935
电力、热力、燃气及水生产和供应业	1	1	1	1	0	1
信息传输、软件和信息技术服务业与租赁和商务服务业	19	19	19	18	0	136
科学研究和技术服务业	828	611	705	475	2	2299
水利、环境和公共设施管理业	46	5	68	23	0	78
卫生和社会工作	37	21	64	31	0	200
公共管理、社会保障和社会组织	3	1	6	1	0	6
四、按机构所属学科分						
自然科学	440	410	260	224	4	1325
农业科学	83	46	98	65	1	377
医药科学	75	48	92	44	0	255
工程与技术科学	764	502	603	367	2	1736
人文与社会科学	0	0	0	0	0	0
五、按机构从业人员规模分						
≥1000人	32	18	59	28	0	180
500～999人	271	191	248	147	1	446
300～499人	420	374	209	181	4	1108
200～299人	147	110	131	97	1	488
100～199人	280	153	261	141	0	983
50～99人	77	42	53	37	0	186
30～49人	38	34	57	47	0	174
20～29人	41	30	23	11	1	102
10～19人	43	41	9	8	0	13
0～9人	13	13	3	3	0	13

单位科技产出情况（2023年）

专利所有权转让及许可数（件）	专利所有权转让及许可收入（万元）	科技论文（篇）	#国外发表	科技著作（种）	形成国家或行业标准数（项）	集成电路布图设计登记数（件）	植物新品种授予数（项）	软件著作权数（件）	新药证书数（件）
148	10731	3400	1393	159	159	1	25	252	0
120	10136	1741	949	78	109	0	0	144	0
28	595	1659	444	81	50	1	25	108	0
134	10135	2746	1249	122	94	1	25	133	0
13	96	632	136	37	61	0	0	104	0
1	500	22	8	0	4	0	0	15	0
3	2	67	1	0	4	0	0	0	0
67	1909	465	308	6	7	1	0	41	0
0	0	13	0	0	0	0	0	1	0
0	0	5	3	0	0	0	0	9	0
70	1460	2341	829	136	136	0	25	182	0
0	0	90	15	10	3	0	0	17	0
8	7361	330	235	7	0	0	0	0	0
0	0	89	2	0	9	0	0	2	0
43	678	1196	639	31	58	0	0	39	0
15	41	186	55	0	10	0	25	26	0
16	7576	523	380	7	2	0	0	2	0
74	2437	1048	316	61	89	1	0	184	0
0	0	447	3	60	0	0	0	1	0
8	7361	300	228	7	0	0	0	0	0
13	90	317	109	27	10	0	25	91	0
69	1909	705	371	26	35	0	0	52	0
34	526	830	195	75	40	0	0	28	0
24	838	567	140	16	57	0	0	49	0
0	0	110	10	7	10	1	0	16	0
0	0	375	210	0	2	0	0	8	0
0	0	27	9	0	4	0	0	4	0
0	8	16	1	1	0	0	0	1	0
0	0	153	120	0	1	0	0	3	0

表 2-13 科学研究和技术服务业事业单位

项　目	对外科技服务工作量	科技成果的示范性推广工作	为用户提供可行性报告、技术方案、建议及进行技术论证等技术咨询工作
合　计	4029	255	977
一、按机构隶属关系分			
中央部门属	918	80	264
非中央部门属	3111	175	713
二、按机构从事的国民经济行业分			
研究和试验发展	1637	205	401
专业技术服务业	2216	27	543
科技推广和应用服务业	176	23	33
三、按机构服务的国民经济行业分			
农、林、牧、渔业	70	22	25
采矿业与制造业	613	40	294
电力、热力、燃气及水生产和供应业	32	0	12
信息传输、软件和信息技术服务业与租赁和商务服务业	29	9	1
科学研究和技术服务业	2896	177	472
水利、环境和公共设施管理业	175	4	120
卫生和社会工作	59	3	11
公共管理、社会保障和社会组织	155	0	42
四、按机构所属学科分			
自然科学	866	50	351
农业科学	274	83	59
医药科学	87	12	13
工程与技术科学	2674	104	512
人文与社会科学	128	6	42
五、按机构从业人员规模分			
≥1000人	6	0	0
500～999人	308	64	131
300～499人	848	35	126
200～299人	736	31	303
100～199人	1263	60	306
50～99人	571	33	48
30～49人	146	10	18
20～29人	80	2	32
10～19人	39	13	0
0～9人	32	7	13

对外科技服务情况（2023年）

单位：人年

地形、地质和水文考察、天文、气象和地震的日常观察	为社会和公众提供的检验、检疫、测试、标准化、计量、计算、质量控制和专利服务	科技信息文献服务	提供孵化、平台搭建等科技服务活动	科学普及	其他科技服务活动
119	1952	75	104	199	348
87	370	23	24	51	19
32	1582	52	80	148	329
18	622	70	78	102	141
101	1256	5	8	94	182
0	74	0	18	3	25
0	0	0	0	3	20
2	203	16	32	15	11
0	10	10	0	0	0
0	16	0	0	2	1
117	1625	21	72	145	267
0	35	0	0	16	0
0	13	4	0	4	24
0	50	24	0	14	25
87	203	5	40	59	71
0	68	2	0	30	32
0	19	6	3	16	18
32	1662	34	61	80	189
0	0	28	0	14	38
0	6	0	0	0	0
32	40	2	0	27	12
12	614	15	15	16	15
35	342	4	7	12	2
10	550	31	18	75	213
30	305	11	18	40	86
0	62	10	35	6	5
0	31	1	4	4	6
0	0	0	3	14	9
0	2	1	4	5	0

（二）转制为企业的研究机构

表 2-14 转制为企业的

项　目	纳统企业数（个）	从业人员（人）	#专业技术人员
合　计	38	8991	7024
一、按机构隶属关系分			
中央部门属	6	5108	4576
非中央部门属	32	3883	2448
二、按机构从事的国民经济行业分			
制造业	17	1300	622
批发和零售业及信息传输、软件和信息技术服务业	2	57	30
租赁和商务服务业及科学研究和技术服务业	19	7634	6372
三、按机构所属学科分			
自然科学及医药科学	3	170	66
工程与技术科学及人文与社会科学	35	8821	6958

表 2-15 转制为企业的研究机构

项　目	技术性收入	技术转让收入	技术承包收入	技术咨询与服务收入	技术开发收入
合　计	1187056	827	925110	247824	13295
一、按机构隶属关系分					
中央部门属	1040899	0	925110	115503	286
非中央部门属	146156	827	0	132321	13009
二、按机构从事的国民经济行业分					
制造业	9393	827	0	5976	2590
批发和零售业及信息传输、软件和信息技术服务业	62	0	0	33	29
租赁和商务服务业及科学研究和技术服务业	1177601	0	925110	241815	10677
三、按机构所属学科分					
自然科学及医药科学	2237	0	0	305	1932
工程与技术科学及人文与社会科学	1184819	827	925110	247519	11363

研究机构概况（2023 年）

# 本科及以上学历	技术性收入（万元）	# 技术开发收入	科技活动经费支出（万元）
7817	1187056	13295	114728
4824	1040899	286	67370
2993	146156	13009	47359
843	9393	2590	10644
42	62	29	207
6932	1177601	10677	103877
124	2237	1932	8728
7693	1184819	11363	106000

技术性收入情况（2023 年）

单位：万元

政府委托/采购	企业委托	国外委托	其他
96	12918	0	281
0	286	0	0
97	12631	0	282
0	2327	0	263
29	0	0	0
68	10590	0	19
0	1932	0	0
96	10986	0	281

表 2-16 转制为企业的研究机构科技

项　目	科技活动经费支出	人员人工费用（包含各种补贴）	直接投入费用
合　计	114728	52231	46554
一、按机构隶属关系分			
中央部门属	67370	31556	31574
非中央部门属	47359	20675	14980
二、按机构从事的国民经济行业分			
制造业	10644	6289	3235
批发和零售业及信息传输、软件和信息技术服务业	207	200	0
租赁和商务服务业及科学研究和技术服务业	103877	45742	43319
三、按机构所属学科分			
自然科学及医药科学	8728	2496	909
工程与技术科学及人文与社会科学	106000	49735	45644

活动经费支出情况（2023 年）

单位：万元

折旧费用与长期待摊费用	无形资产摊销费用	设计费用	装备调试费用与试验费用	委托外单位开展科技活动的经费	其他费用
3446	**373**	**30**	**4358**	**3363**	**4373**
601	193	0	193	1612	1641
2844	180	30	4165	1751	2733
241	53	30	116	98	582
7	0	0	0	0	0
3198	320	0	4242	3265	3791
1171	24	0	4033	0	95
2275	349	30	325	3363	4278

表 2-17　转制为企业的研究机构固定资产情况（2023 年）

单位：万元

项　目	年末固定资产原价	# 科学仪器设备
合　计	**1139687**	**60888**
一、按机构隶属关系分		
中央部门属	801990	21198
非中央部门属	337697	39691
二、按机构从事的国民经济行业分		
制造业	170041	14118
批发和零售业及信息传输、软件和信息技术服务业	14460	26
租赁和商务服务业及科学研究和技术服务业	955186	46745
三、按机构所属学科分		
自然科学及医药科学	57146	18108
工程与技术科学及人文与社会科学	1082541	42781

表 2-18 转制为企业的研究机构科技课题概况（2023年）

项　目	课题数（项）	课题经费内部支出（万元）	# 政府资金	课题人员折合全时当量（人年）	# 研究人员
合　计	755	103638	2413	2217.5	1616.5
一、按机构隶属关系分					
中央部门属	344	63684	1748	1205.2	829.3
非中央部门属	411	39954	665	1012.3	787.2
二、按课题来源分					
国家科技课题	53	2837	1938	135.5	107.9
地方科技课题	34	1325	285	73.6	47.6
企业委托科技课题	151	19410	0	276.0	264.1
自选科技课题	506	79644	35	1710.6	1183
国际合作科技课题	2	125	140	10.2	6.3
其他科技课题	9	297	15	11.6	7.6
三、按课题活动类型分					
基础研究	57	4360	412	186.6	136.3
应用研究	233	30303	1426	630.8	486.6
试验发展	412	65237	575	1247.7	894.4
试制与工程化	46	3595	0	132.2	84.4
技术咨询与技术服务	7	142	0	20.2	14.8
四、按课题所属学科分					
自然科学	20	1112	32	70.7	40.1
农业科学	1	12	0	2.9	1.6
医药科学	56	7734	409	84.0	82.0
工程与技术科学	678	94780	1972	2059.9	1492.8
人文与社会科学	0	0	0	0	0
五、按课题的社会经济目标分					
环境保护、生态建设及污染防治	63	4724	250	177.8	153.5
能源生产、分配和合理利用	67	7022	52	172.7	166.7
卫生事业发展	65	8369	438	106.0	95.5
基础设施以及城市和农村规划	182	19642	1447	667.9	430.3
基础社会发展和社会服务	149	40744	0	525.4	339
农林牧渔业发展	4	198	2	19.0	13
工商业发展	158	19338	223	442.1	321
非定向研究	17	370	0	28.0	24
其他民用目标	50	3232	1	78.6	73.5
六、按课题服务的国民经济行业分					
农、林、牧、渔业	1	12	0	2.9	1.6
采矿业	45	5171	0	97.4	96.5
制造业	318	56713	412	934.6	644.2
电力、热力、燃气及水生产和供应业	17	1744	4	37.8	31.2
建筑业	25	655	0	30.1	20.4
交通运输、仓储和邮政业	3	152	15	5.8	3.4
信息传输、软件和信息技术服务业	4	133	0	14.1	5.1
租赁和商务服务业	0	0	0	0	0
科学研究和技术服务业	262	33305	1701	846.3	605.6
水利、环境和公共设施管理业	77	5644	250	231.0	203.5
教育	0	0	0	0	0
卫生和社会工作	1	3	3	2.5	1
公共管理、社会保障和社会组织	2	106	29	15.0	4

表 2-19　转制为企业的研究机构科技课题经费内部支出情况（2023 年）

单位：万元

项　目	课题经费内部支出	基础研究	应用研究	试验发展	试制与工程化	技术咨询与技术服务
合　计	103638	4360	30303	65237	3595	142
一、按机构隶属关系分						
中央部门属	63684	3762	15228	44694	0	0
非中央部门属	39954	599	15076	20542	3595	142
二、按课题来源分						
国家科技课题	2837	286	1277	1270	4	0
地方科技课题	1325	170	200	886	70	0
企业委托科技课题	19410	264	10632	6276	2208	31
自选科技课题	79644	3641	18014	56750	1129	111
国际合作科技课题	125	0	101	24	0	0
其他科技课题	297	0	80	32	185	0
三、按课题所属学科分						
自然科学	1112	90	763	186	73	0
农业科学	12	0	0	0	0	12
医药科学	7734	170	2136	5429	0	0
工程与技术科学	94780	4100	27405	59622	3523	130
人文与社会科学	0	0	0	0	0	0
四、按课题的社会经济目标分						
环境保护、生态建设及污染防治	4724	0	547	4009	168	0
能源生产、分配和合理利用	7022	42	71	6899	0	10
卫生事业发展	8369	170	2718	5481	0	0
基础设施以及城市和农村规划	19642	2639	6514	10449	40	0
基础社会发展和社会服务	40744	1089	8997	30508	150	0
农林牧渔业发展	198	50	45	103	0	0
工商业发展	19338	372	10674	5081	3087	125
非定向研究	370	0	89	123	150	8
其他民用目标	3232	0	647	2585	0	0
五、按课题服务的国民经济行业分						
农、林、牧、渔业	12	0	0	0	0	12
采矿业	5171	40	0	5130	0	0
制造业	56713	1310	12259	42108	1005	31
电力、热力、燃气及水生产和供应业	1744	0	0	1734	0	10
建筑业	655	12	179	352	112	0
交通运输、仓储和邮政业	152	0	1	151	0	0
信息传输、软件和信息技术服务业	133	0	37	67	29	0
租赁和商务服务业	0	0	0	0	0	0
科学研究和技术服务业	33305	2999	17202	10854	2161	90
水利、环境和公共设施管理业	5644	0	622	4734	288	0
教育	0	0	0	0	0	0
卫生和社会工作	3	0	3	0	0	0
公共管理、社会保障和社会组织	106	0	0	106	0	0

表 2-20 转制为企业的研究机构科技课题投入人员情况（2023 年）

单位：人年

项　目	课题人员折合全时当量	基础研究	应用研究	试验发展	试制与工程化	技术咨询与技术服务
合　计	**2217.5**	**186.6**	**630.8**	**1247.7**	**132.2**	**20.2**
一、按机构隶属关系分						
中央部门属	1205.2	157.7	374.6	672.9	0	0
非中央部门属	1012.3	28.9	256.2	574.8	132.2	20.2
二、按课题来源分						
国家科技课题	135.5	35.0	50.9	39.6	10.0	0
地方科技课题	73.6	4.0	18.2	48.4	3.0	0
企业委托科技课题	276.0	8.4	101.6	139.9	18.1	8.0
自选科技课题	1710.6	139.2	451.6	1014.0	93.6	12.2
国际合作科技课题	10.2	0	6.5	4	0	0
其他科技课题	11.6	0	2.0	2.1	7.5	0
三、按课题所属学科分						
自然科学	70.7	9.4	28.2	26.0	7.1	0
农业科学	2.9	0	0	0	0	2.9
医药科学	84.0	3.0	47.0	34.0	0	0
工程与技术科学	2059.9	174.2	555.6	1187.7	125.1	17.3
人文与社会科学	0	0	0	0	0	0
四、按课题的社会经济目标分						
环境保护、生态建设及污染防治	177.8	0	28.2	113.4	36.2	0
能源生产、分配和合理利用	172.7	2	9.0	159.7	0	2
卫生事业发展	106.0	3.0	65.0	38.0	0	0
基础设施以及城市和农村规划	667.9	115.7	204.3	345.9	2.0	0
基础社会发展和社会服务	525.4	41.0	165.3	305.0	14.1	0
农林牧渔业发展	19.0	5	5.0	9.0	0	0
工商业发展	442.1	19.9	122.1	209.0	74.9	16.2
非定向研究	28.0	0	5.5	15.5	5.0	2
其他民用目标	78.6	0	26.4	52.2	0	0
五、按课题服务的国民经济行业分						
农、林、牧、渔业	2.9	0	0	0	0	2.9
采矿业	97.4	3.4	0	94.0	0	0
制造业	934.6	45.0	261.3	558.6	60.3	9.4
电力、热力、燃气及水生产和供应业	37.8	0	0	35.8	0	2
建筑业	30.1	1	7.9	14.4	7	0
交通运输、仓储和邮政业	5.8	0	1	5.3	0	0
信息传输、软件和信息技术服务业	14.1	0	5.0	6.1	3	0
租赁和商务服务业	0	0	0	0	0	0
科学研究和技术服务业	846.3	137.1	317.4	370.0	15.9	5.9
水利、环境和公共设施管理业	231.0	0	36.2	148.5	46.3	0
教育	0	0	0	0	0	0
卫生和社会工作	2.5	0	3	0	0	0
公共管理、社会保障和社会组织	15.0	0	0	15.0	0	0

表 2-21 转制为企业的研究机构 R&D 人员情况（2023 年）

单位：人

项　目	R&D 人员	#女性	#中、高级职称	按工作量分	
				R&D 全时人员	R&D 非全时人员
合　计	3462	995	2259	1390	2072
一、按机构隶属关系分					
中央部门属	2238	596	1601	645	1593
非中央部门属	1224	399	658	745	479
二、按机构从事的国民经济行业分					
制造业	558	145	278	362	196
批发和零售业及信息传输、软件和信息技术服务业	28	22	21	28	0
租赁和商务服务业及科学研究和技术服务业	2876	828	1960	1000	1876
三、按机构所属学科分					
自然科学及医药科学	96	37	37	94	2
工程与技术科学及人文与社会科学	3366	958	2222	1296	2070

表 2-21 转制为企业的研究机构 R&D 人员情况（2023 年）（续）

项　目	R&D 人员	按学位分				R&D 人员折合全时当量（人年）
		博士毕业	硕士毕业	本科毕业	其他	
合　计	3462	130	1461	1711	160	2226
一、按机构隶属关系分						
中央部门属	2238	52	918	1227	41	1209
非中央部门属	1224	78	543	484	119	1017
二、按机构从事的国民经济行业分						
制造业	558	6	151	320	81	401
批发和零售业及信息传输、软件和信息技术服务业	28	0	10	14	4	28
租赁和商务服务业及科学研究和技术服务业	2876	124	1300	1377	75	1797
三、按机构所属学科分						
自然科学及医药科学	96	9	36	20	31	95
工程与技术科学及人文与社会科学	3366	121	1425	1691	129	2131

表 2-22 转制为企业的研究机构 R&D 经费内部支出按资金来源分布（2023 年）

单位：万元

项目	R&D 经费内部支出	政府资金	企业资金	国外资金	其他资金
合　计	**112407**	**2719**	**109688**	**0**	**0**
一、按机构隶属关系分					
中央部门属	66693	2002	64691	0	0
非中央部门属	45715	717	44998	0	0
二、按机构从事的国民经济行业分					
制造业	10127	44	10083	0	0
批发和零售业及信息传输、软件和信息技术服务业	178	29	150	0	0
租赁和商务服务业及科学研究和技术服务业	102103	2647	99456	0	0
三、按机构所属学科分					
自然科学及医药科学	7840	409	7430	0	0
工程与技术科学及人文与社会科学	104567	2310	102258	0	0

表 2-23 转制为企业的研究机构 R&D 经费内部支出按活动类型分布（2023 年）

单位：万元

项目	R&D 经费内部支出	基础研究	应用研究	试验发展
合　计	**112407**	**5353**	**37999**	**69055**
一、按机构隶属关系分				
中央部门属	66693	4355	16729	45609
非中央部门属	45715	998	21270	23446
二、按机构从事的国民经济行业分				
制造业	10127	91	2245	7791
批发和零售业及信息传输、软件和信息技术服务业	178	0	37	141
租赁和商务服务业及科学研究和技术服务业	102103	5262	35718	61123
三、按机构所属学科分				
自然科学及医药科学	7840	171	2158	5511
工程与技术科学及人文与社会科学	104567	5182	35842	63544

表 2-24 转制为企业的研究机构 R&D 经费

项 目	R&D 经费内部支出	R&D 日常性支出	人员人工费
合 计	112407	106620	51442
一、按机构隶属关系分			
中央部门属	66693	64700	31360
非中央部门属	45715	41920	20083
二、按机构从事的国民经济行业分			
制造业	10127	9665	5796
批发和零售业及信息传输、软件和信息技术服务业	178	178	178
租赁和商务服务业及科学研究和技术服务业	102103	96777	45467
三、按机构所属学科分			
自然科学及医药科学	7840	7533	2496
工程与技术科学及人文与社会科学	104567	99086	48946

内部支出按经费类别分布（2023年）

单位：万元

直接投入费用	其他费用	R&D 资产性支出	# 仪器与设备支出	# 土地与建筑物支出
45465	**9713**	**5788**	**5347**	**0**
31448	1893	1993	1964	0
14017	7821	3795	3384	0
3235	634	462	432	0
0	0	0	0	0
42230	9080	5326	4915	0
909	4128	307	307	0
44555	5585	5481	5041	0

表 2-25 转制为企业的研究机构 R&D 经费外部支出情况（2023 年）

单位：万元

项　目	R&D 经费外部支出	对境内研究机构支出	对境内高等学校支出	对境内企业支出	对境内其他单位支出	对境外机构支出
合　计	**3362**	**249**	**1758**	**1356**	**0**	**0**
一、按机构隶属关系分						
中央部门属	1612	89	967	556	0	0
非中央部门属	1751	160	790	800	0	0
二、按机构从事的国民经济行业分						
制造业	98	0	68	29	0	0
批发和零售业及信息传输、软件和信息技术服务业	0	0	0	0	0	0
租赁和商务服务业及科学研究和技术服务业	3265	249	1690	1326	0	0
三、按机构所属学科分						
自然科学及医药科学	0	0	0	0	0	0
工程与技术科学及人文与社会科学	3362	249	1758	1356	0	0

表 2-26 转制为企业的研究机构专利情况（2023年）

项　目	专利申请数（件）	#发明专利	专利授权数（件）	#发明专利	#国外授权	有效发明专利数（件）	专利所有权转让及许可数（件）	专利所有权转让及许可收入（万元）
合　计	**813**	**490**	**671**	**449**	**17**	**2147**	**19**	**233**
一、按机构隶属关系分								
中央部门属	448	272	382	280	10	759	12	232
非中央部门属	365	218	289	169	7	1388	7	2
二、按机构从事的国民经济行业分								
制造业	80	43	47	22	0	420	6	2
批发和零售业及信息传输、软件和信息技术服务业	0	0	0	0	0	0	0	0
租赁和商务服务业及科学研究和技术服务业	733	447	624	427	17	1727	13	232
三、按机构所属学科分								
自然科学及医药科学	3	3	9	9	5	164	0	0
工程与技术科学及人文与社会科学	810	487	662	440	12	1983	19	233

表 2-27 转制为企业的研究机构论文、著作及其他科技产出情况（2023年）

项　目	科技论文（篇）	#国外发表	科技著作（种）	形成国家或行业标准数（项）	集成电路布图设计登记数（件）	植物新品种权授予数（项）	软件著作权数（件）	新药证书数（件）
合　计	1036	259	20	148	0	0	282	0
一、按机构隶属关系分								
中央部门属	497	208	12	52	0	0	198	0
非中央部门属	539	51	8	96	0	0	84	0
二、按机构从事的国民经济行业分								
制造业	108	4	1	22	0	0	7	0
批发和零售业及信息传输、软件和信息技术服务业	0	0	0	0	0	0	1	0
租赁和商务服务业及科学研究和技术服务业	928	255	19	126	0	0	274	0
三、按机构所属学科分								
自然科学及医药科学	63	9	1	7	0	0	0	0
工程与技术科学及人文与社会科学	973	250	19	141	0	0	282	0

第三部分

规模以上工业企业

2024 天津科技统计年鉴

表 3-1　规模以上工业企业基本情况（2019—2023 年）

项　　目	2019 年	2020 年	2021 年	2022 年	2023 年
企业单位数（个）	4811	5118	5659	5780	5835
大型企业	127	119	121	121	130
中型企业	465	459	459	457	468
小型企业	3673	3871	4210	4329	4445
微型企业	546	669	869	873	792
# 有 R&D 活动（个）	1298	1444	1649	1631	1410
大型企业	77	70	73	79	82
中型企业	222	250	250	252	248
小型企业	950	1065	1248	1225	1035
微型企业	49	59	78	75	45
# 有研发机构（个）	433	479	537	520	523
大型企业	48	49	44	50	44
中型企业	120	134	149	138	147
小型企业	256	290	337	322	324
微型企业	9	6	7	10	8
从业人员期末人数（人）	954268	950731	955578	934678	903487
大型企业	357807	350462	344161	329589	308606
中型企业	245675	245307	237950	232514	225769
小型企业	334476	344117	363139	361021	357149
微型企业	16310	10845	10328	11554	11963
营业收入（亿元）	18967.78	19009.11	23013.48	24046.96	24098.98
大型企业	8511.54	8088.68	9865.18	10897.63	10574.42
中型企业	4042.81	4379.53	5070.41	4951.86	4883.10
小型企业	5573.72	5783.82	7482.54	7656.57	8070.13
微型企业	839.71	757.09	595.35	540.91	571.34
利润总额（亿元）	1248.37	978.74	1516.48	1669.86	1499.82
大型企业	882.32	554.45	996.57	1251.90	1079.21
中型企业	155.59	168.74	225.88	171.46	153.83
小型企业	194.43	234.22	284.62	237.95	257.43
微型企业	16.03	21.32	9.41	8.55	9.35
资产总计（亿元）	21616.41	21635.07	23421.37	25251.16	26156.46
大型企业	9861.76	9901.00	10674.32	11914.93	12275.13
中型企业	4627.85	4806.50	5149.75	5065.89	5273.04
小型企业	5964.27	6206.76	7078.08	7821.74	8159.00
微型企业	1162.54	720.82	519.22	448.60	449.30

表 3-2 规模以上工业企业

项 目	单位数（个）	# 有 R&D 活动	# 有研发机构	从业人员期末人数（人）
合 计	5835	1410	523	903487
一、按企业规模分				
大型	130	82	44	308606
中型	468	248	147	225769
小型	4445	1035	324	357149
微型	792	45	8	11963
二、按登记注册类型分				
内资企业	4804	1192	441	609752
港澳台商投资企业	227	69	34	69190
外商投资企业	804	149	48	224545
三、按国民经济行业分				
采矿业	9	7	4	49123
石油和天然气开采业	2	2	1	19022
煤炭开采和洗选业与黑色金属矿采选业	2	1	0	804
非金属矿采选业	2	2	2	4144
开采专业及辅助性活动	3	2	1	25153
其他采矿业	0	0	0	0
制造业	5544	1376	514	812909
农副食品加工业	157	22	7	14790
食品制造业	151	25	10	26565
酒、饮料和精制茶制造业	35	7	4	7150
烟草制品业和纺织业	52	8	2	5763
纺织服装、服饰业	37	2	0	3475
皮革、毛皮、羽毛及其制品和制鞋业	19	2	2	3230
木材加工和木、竹、藤、棕、草制品业	33	4	2	1311
家具制造业	49	8	1	14382
造纸和纸制品业	134	22	4	12054
印刷和记录媒介复制业	87	20	5	9093
文教、工美、体育和娱乐用品制造业	85	7	6	9350

基本情况（2023年）

营业收入 （万元）	利润总额 （万元）	资产总计 （万元）
240989808	**14998210**	**261564629**
105744201	10792105	122751256
48830969	1538294	52730423
80701272	2574281	81589971
5713367	93530	4492979
150021420	2556284	172105385
16300834	716332	18847706
74667554	11725593	70611538
18628536	**6609728**	**30615154**
14769519	6635100	22425957
646309	-14120	201044
434854	27389	4467931
2777854	-38641	3520221
0	0	0
202747782	**7968199**	**191185700**
8529927	86089	4182586
4323003	256555	4223709
1223472	75070	1089652
1785739	108010	1682308
131951	-1663	132085
162940	3407	147791
139863	-1397	119675
778719	39250	867556
2432085	62508	2400499
736606	17021	857261
1206081	44134	876212

项　目	单位数（个）	# 有R&D活动	# 有研发机构	从业人员期末人数（人）
石油、煤炭及其他燃料加工业	37	9	4	11138
化学原料和化学制品制造业	323	89	55	37513
医药制造业	123	70	42	42601
化学纤维制造业	2	0	0	251
橡胶和塑料制品业	313	80	29	35181
非金属矿物制品业	346	53	21	29519
黑色金属冶炼和压延加工业	338	30	13	54272
有色金属冶炼和压延加工业	119	14	5	10894
金属制品业	700	106	37	57291
通用设备制造业	528	161	45	62139
专用设备制造业	401	178	60	54234
汽车制造业	384	110	38	107992
铁路、船舶、航空航天和其他运输设备制造业	272	55	15	36280
电气机械和器材制造业	350	116	51	58236
计算机、通信和其他电子设备制造业	248	104	38	80654
仪器仪表制造业	110	56	16	11885
其他制造业	26	5	1	2036
废弃资源综合利用业	48	5	0	2128
金属制品、机械和设备修理业	37	8	1	11502
电力、热力、燃气及水生产和供应业	**282**	**27**	**5**	**41455**
电力、热力生产和供应业	164	15	2	26110
燃气生产和供应业	55	4	1	7565
水的生产和供应业	63	8	2	7780
四、按企业控股情况分				
国有控股	513	209	97	185587
集体控股	42	8	7	4934
私人控股	4304	1005	353	446779
港澳台商控股	179	49	20	51730
外商控股	793	137	44	210364
其他	4	2	2	4093

续表

营业收入 （万元）	利润总额 （万元）	资产总计 （万元）
12590632	87114	7811871
12835930	218670	17237323
7080137	826525	13433738
24194	-471	46502
4001466	199733	4802254
4301951	135151	6241987
28802913	-207555	15936603
12400386	-226052	9710135
12213265	276917	8715858
9119923	632143	10430982
7243423	456080	13264317
28354422	2862592	22992910
5682761	182999	6038722
14405446	548937	14054952
18492868	1091284	20348779
1457864	132571	1771647
131465	5672	142631
1152526	9984	814493
1005824	46921	810661
19613491	**420283**	**39763776**
11914042	152307	27592546
6397746	104215	5351779
1301703	163761	6819450
71282884	1949784	96738538
570960	7042	627545
93932337	1891224	91013324
10946308	721295	10715213
63668100	10304522	61123758
589219	124343	1346251

表 3-3 规模以上工业企业

项 目	R&D人员（人）	#女性	#研究人员	按工作性质分	
				项目研究开发人员	管理和服务人员
合　计	75301	17868	26931	70870	4431
一、按企业规模分					
大型	29026	6609	11425	27469	1557
中型	20959	5315	7255	19768	1191
小型	24827	5831	8090	23170	1657
微型	489	113	161	463	26
二、按登记注册类型分					
内资企业	62034	14282	22415	58322	3712
港澳台商投资企业	5404	1337	1650	5080	324
外商投资企业	7863	2249	2866	7468	395
三、按国民经济行业分					
采矿业	3987	962	1908	3758	229
石油和天然气开采业	1000	406	554	899	101
煤炭开采和洗选业与黑色金属矿采选业	8	1	3	8	0
非金属矿采选业	444	113	190	420	24
开采专业及辅助性活动	2535	442	1161	2431	104
其他采矿业	0	0	0	0	0
制造业	69264	16423	24068	65245	4019
农副食品加工业	602	134	153	566	36
食品制造业	888	314	216	846	42
酒、饮料和精制茶制造业	264	122	113	255	9
烟草制品业和纺织业	388	214	57	361	27
纺织服装、服饰业	48	23	6	46	2
皮革、毛皮、羽毛及其制品和制鞋业	175	103	13	166	9
木材加工和木、竹、藤、棕、草制品业	45	12	15	44	1
家具制造业	942	332	205	888	54
造纸和纸制品业	712	128	123	681	31
印刷和记录媒介复制业	513	180	113	467	46
文教、工美、体育和娱乐用品制造业	508	134	110	484	24
石油、煤炭及其他燃料加工业	293	129	126	257	36

R&D 人员情况（2023年）

按工作量分		R&D人员折合全时当量（人年）	# 研究人员	按活动类型分		
全时人员	非全时人员			基础研究	应用研究	试验发展
54146	21155	56539	20280	50	1265	55223
19166	9860	22092	8653	29	713	21351
15852	5107	15896	5547	0	381	15514
18795	6032	18284	5999	22	171	18091
333	156	267	81	0	0	267
45082	16952	46762	16997	46	1021	45696
3662	1742	4156	1247	0	0	4156
5402	2461	5621	2036	4	245	5372
1793	2194	2036	1005	1	171	1864
838	162	891	493	0	118	773
7	1	7	3	0	0	7
156	288	403	171	0	0	403
792	1743	736	339	1	54	681
0	0	0	0	0	0	0
50939	18325	53021	18583	31	1037	51953
390	212	501	128	0	0	501
608	280	548	148	0	17	531
179	85	144	68	4	4	136
191	197	254	39	0	0	254
44	4	36	5	0	0	36
108	67	103	10	0	0	103
38	7	30	11	0	0	30
621	321	754	156	0	0	754
575	137	567	88	0	0	567
309	204	426	96	0	0	426
331	177	364	81	0	0	364
132	161	219	90	0	0	219

项　目	R&D人员（人）	#女性	#研究人员	按工作性质分	
				项目研究开发人员	管理和服务人员
化学原料和化学制品制造业	4218	1152	1537	4019	199
医药制造业	6041	2506	3102	5600	441
化学纤维制造业	4	0	2	4	0
橡胶和塑料制品业	2316	579	483	2140	176
非金属矿物制品业	2142	301	580	1986	156
黑色金属冶炼和压延加工业	4254	372	867	4053	201
有色金属冶炼和压延加工业	871	166	187	840	31
金属制品业	3472	518	677	3299	173
通用设备制造业	5699	1022	1917	5411	288
专用设备制造业	7213	1464	2915	6662	551
汽车制造业	5002	991	1508	4696	306
铁路、船舶、航空航天和其他运输设备制造业	3971	945	1431	3835	136
电气机械和器材制造业	5445	1220	1960	5119	326
计算机、通信和其他电子设备制造业	11061	2937	4762	10447	614
仪器仪表制造业	1481	314	640	1416	65
其他制造业	196	46	80	183	13
废弃资源综合利用业	97	22	28	96	1
金属制品、机械和设备修理业	403	43	142	378	25
电力、热力、燃气及水生产和供应业	**2050**	**483**	**955**	**1867**	**183**
电力、热力生产和供应业	1324	315	715	1189	135
燃气生产和供应业	129	18	37	109	20
水的生产和供应业	597	150	203	569	28
四、按企业控股情况分					
国有控股	19479	4736	8975	18282	1197
集体控股	391	124	98	380	11
私人控股	41067	9189	13038	38641	2426
港澳台商控股	4046	818	1128	3798	248
外商控股	9832	2770	3481	9302	530
其他	486	231	211	467	19

续表

按工作量分		R&D人员折合全时当量（人年）	# 研究人员	按活动类型分		
全时人员	非全时人员			基础研究	应用研究	试验发展
2995	1223	3547	1300	0	68	3479
4967	1074	5096	2669	7	14	5074
4	0	0	0	0	0	0
1666	650	1732	361	0	0	1732
1449	693	1523	434	0	59	1464
2047	2207	3411	698	0	147	3264
504	367	638	133	0	0	638
2557	915	2626	525	0	9	2618
4290	1409	4172	1371	0	54	4118
5616	1597	5418	2190	5	162	5252
3767	1235	3686	1108	0	4	3682
2813	1158	3024	1063	0	4	3020
4214	1231	3930	1388	2	176	3753
9049	2012	8793	3827	13	285	8496
1154	327	943	399	0	0	943
138	58	182	75	0	0	182
88	9	72	23	0	0	72
95	308	279	99	0	35	244
1414	636	1482	692	19	57	1407
1061	263	1069	574	19	57	993
108	21	99	28	0	0	99
245	352	315	90	0	0	315
12591	6888	13830	6376	26	575	13229
274	117	260	65	0	0	260
30642	10425	31399	10144	19	460	30920
2752	1294	3226	910	0	0	3226
7490	2342	7486	2636	4	230	7252
397	89	338	148	2	0	336

表 3-4 规模以上工业企业

项 目	R&D经费内部支出	按活动类型分		
		基础研究	应用研究	试验发展
合 计	2959946	8822	41389	2909735
一、按企业规模分				
大型	1508488	8170	22113	1478204
中型	742451	0	14089	728362
小型	696332	652	5187	690494
微型	12675	0	0	12675
二、按登记注册类型分				
内资企业	2456371	1936	35141	2419295
港澳台商投资企业	159848	0	0	159848
外商投资企业	343727	6886	6248	330592
三、按国民经济行业分				
采矿业	146877	332	5874	140671
石油和天然气开采业	59470	302	2523	56645
煤炭开采和洗选业与黑色金属矿采选业	83	0	0	83
非金属矿采选业	12734	0	0	12734
开采专业及辅助性活动	74590	30	3351	71209
其他采矿业	0	0	0	0
制造业	2728133	7763	33188	2687182
农副食品加工业	17404	0	0	17404
食品制造业	20052	0	473	19579
酒、饮料和精制茶制造业	4537	50	87	4400
烟草制品业和纺织业	4713	0	0	4713
纺织服装、服饰业	832	0	0	832
皮革、毛皮、羽毛及其制品和制鞋业	1110	0	0	1110
木材加工和木、竹、藤、棕、草制品业	1229	0	0	1229
家具制造业	18938	0	0	18938
造纸和纸制品业	29408	0	0	29408
印刷和记录媒介复制业	8421	0	0	8421
文教、工美、体育和娱乐用品制造业	6102	0	0	6102
石油、煤炭及其他燃料加工业	84038	0	0	84038

R&D 经费情况（2023 年）

单位：万元

按支出用途分				
经常费支出	# 人员劳务费	资产性支出	土地与建筑物	仪器和设备
2752441	**985053**	**207505**	**4325**	**203180**
1385548	416394	122940	2642	120299
690913	300153	51539	669	50869
663621	264973	32711	1014	31697
12359	3533	315	0	315
2285945	774585	170426	3218	167208
149549	76773	10299	1020	9279
316947	133695	26780	87	26693
141880	**47050**	**4997**	**0**	**4997**
59190	28600	280	0	280
83	64	0	0	0
12734	5243	0	0	0
69872	13143	4717	0	4717
0	0	0	0	0
2528078	**901870**	**200056**	**4273**	**195783**
17215	6006	189	0	188
19833	5701	219	4	214
4347	1740	191	0	190
4618	2105	95	0	95
832	395	0	0	0
1106	556	5	0	5
1077	275	152	0	152
12796	7830	6142	2	6140
29296	7532	112	0	112
8337	4132	84	0	83
5544	3195	558	0	558
53361	2492	30677	1225	29452

项　目	R&D经费内部支出	按活动类型分		
		基础研究	应用研究	试验发展
化学原料和化学制品制造业	238580	0	2120	236460
医药制造业	219719	234	275	219210
化学纤维制造业	0	0	0	0
橡胶和塑料制品业	50013	0	0	50013
非金属矿物制品业	65188	0	1327	63861
黑色金属冶炼和压延加工业	352089	0	6774	345316
有色金属冶炼和压延加工业	59556	0	0	59556
金属制品业	114420	0	1072	113349
通用设备制造业	158342	6836	1400	150106
专用设备制造业	213590	359	5616	207615
汽车制造业	179368	0	466	178902
铁路、船舶、航空航天和其他运输设备制造业	127433	0	81	127352
电气机械和器材制造业	240006	42	5174	234789
计算机、通信和其他电子设备制造业	467699	243	8235	459222
仪器仪表制造业	27883	0	0	27883
其他制造业	7768	0	0	7768
废弃资源综合利用业	1497	0	0	1497
金属制品、机械和设备修理业	8200	0	89	8111
电力、热力、燃气及水生产和供应业	**84936**	**727**	**2327**	**81882**
电力、热力生产和供应业	72553	727	2327	69499
燃气生产和供应业	2406	0	0	2406
水的生产和供应业	9978	0	0	9978
四、按企业控股情况分				
国有控股	1016075	1453	20454	994168
集体控股	11496	0	0	11496
私人控股	1400301	336	15061	1384904
港澳台商控股	127180	0	0	127180
外商控股	393646	6886	5874	380885
其他	11250	147	0	11103

续表

		按支出用途分		
经常费支出	# 人员劳务费	资产性支出	土地与建筑物	仪器和设备
216992	64293	21588	643	20945
205658	81706	14061	436	13625
0	0	0	0	0
47449	18882	2564	19	2546
63927	20934	1262	32	1229
344264	33009	7826	42	7783
59392	5724	164	0	164
103033	34160	11388	22	11366
147712	75783	10630	987	9644
193074	101664	20516	228	20288
158990	63818	20378	42	20336
125878	48757	1555	536	1019
226723	76875	13282	10	13272
437085	208984	30614	29	30585
27087	18526	796	15	781
3883	836	3885	0	3885
1324	936	173	0	173
7248	5024	952	0	952
82484	**36133**	**2452**	**52**	**2401**
70834	28123	1719	0	1719
1802	1064	604	0	604
9848	6946	130	52	78
927779	303286	88296	1936	86359
11486	2164	9	0	9
1318867	444947	81433	1380	80054
117135	59506	10045	966	9079
366084	170047	27562	43	27519
11089	5104	160	0	160

表 3-4 规模以上工业企业

项　目	按资金来源分			
	政府资金	企业资金	境外资金	其他资金
合　计	39607	2863704	17695	38940
一、按企业规模分				
大型	26596	1426340	17129	38423
中型	7655	734483	194	119
小型	5321	690240	373	398
微型	35	12640	0	0
二、按登记注册类型分				
内资企业	31717	2385572	259	38823
港澳台商投资企业	1583	144686	13579	0
外商投资企业	6307	333446	3857	117
三、按国民经济行业分				
采矿业	376	146501	0	0
石油和天然气开采业	166	59304	0	0
煤炭开采和洗选业与黑色金属矿采选业	0	83	0	0
非金属矿采选业	160	12574	0	0
开采专业及辅助性活动	50	74540	0	0
其他采矿业	0	0	0	0
制造业	27543	2643956	17695	38940
农副食品加工业	30	17374	0	0
食品制造业	65	19987	0	0
酒、饮料和精制茶制造业	0	4537	0	0
烟草制品业和纺织业	0	4713	0	0
纺织服装、服饰业	0	832	0	0
皮革、毛皮、羽毛及其制品和制鞋业	869	241	0	0
木材加工和木、竹、藤、棕、草制品业	0	1229	0	0
家具制造业	0	18938	0	0
造纸和纸制品业	0	29372	0	36
印刷和记录媒介复制业	0	8421	0	0
文教、工美、体育和娱乐用品制造业	0	6102	0	0
石油、煤炭及其他燃料加工业	0	84038	0	0

R&D 经费情况（2023 年）（续）

单位：万元

R&D 经费外部支出	对境内研究机构支出	对境内高等学校支出	对境内企业支出	对境外支出
229183	20822	14075	141353	52934
161826	5088	8776	100264	47698
27547	3408	1060	19777	3303
39725	12326	4229	21237	1933
85	0	10	75	0
200694	14635	12956	125028	48075
899	0	154	655	91
27590	6187	965	15670	4767
7837	671	2476	4689	0
2518	34	791	1693	0
0	0	0	0	0
281	66	37	178	0
5038	571	1649	2818	0
0	0	0	0	0
211740	18277	6745	133784	52934
53	3	0	50	0
106	0	101	0	6
5	0	5	0	0
23	0	0	23	0
0	0	0	0	0
4	0	0	4	0
3	0	3	0	0
57	0	0	0	57
27	0	0	27	0
0	0	0	0	0
1	0	1	0	0
2433	0	0	2433	0

项　目	按资金来源分			
	政府资金	企业资金	境外资金	其他资金
化学原料和化学制品制造业	191	238250	139	0
医药制造业	4964	214706	0	49
化学纤维制造业	0	0	0	0
橡胶和塑料制品业	33	49980	0	0
非金属矿物制品业	11	65177	0	0
黑色金属冶炼和压延加工业	333	351756	0	0
有色金属冶炼和压延加工业	272	59247	0	36
金属制品业	180	114240	0	0
通用设备制造业	3458	154744	0	139
专用设备制造业	4817	205113	3550	110
汽车制造业	0	179095	259	14
铁路、船舶、航空航天和其他运输设备制造业	5381	122052	0	0
电气机械和器材制造业	1969	237984	0	52
计算机、通信和其他电子设备制造业	4782	410748	13747	38423
仪器仪表制造业	186	27697	0	0
其他制造业	0	7768	0	0
废弃资源综合利用业	0	1497	0	0
金属制品、机械和设备修理业	0	8119	0	81
电力、热力、燃气及水生产和供应业	**11689**	**73247**	**0**	**0**
电力、热力生产和供应业	11689	60864	0	0
燃气生产和供应业	0	2406	0	0
水的生产和供应业	0	9978	0	0
四、按企业控股情况分				
国有控股	27291	988681	0	103
集体控股	272	11223	0	0
私人控股	4765	1394943	259	334
港澳台商控股	899	112702	13579	0
外商控股	6288	344997	3857	38504
其他	91	11158	0	0

续表

R&D经费外部支出	对境内研究机构支出	对境内高等学校支出	对境内企业支出	对境外支出
3785	2071	809	906	0
20850	8830	2205	9815	0
0	0	0	0	0
727	0	108	620	0
795	0	88	708	0
32	0	0	32	0
18	0	18	0	0
76	0	24	52	0
399	53	240	107	0
5752	294	812	1720	2926
19011	52	440	18110	410
8784	182	43	8556	3
3790	567	606	2617	0
138719	3417	561	85210	49532
2323	0	503	1821	0
570	0	0	570	0
1603	1603	0	0	0
1793	1205	182	406	0
9607	**1874**	**4854**	**2879**	**0**
9526	1874	4850	2802	0
0	0	0	0	0
81	0	4	77	0
102858	7256	8800	86425	377
107	23	58	27	0
47140	6854	4060	34278	1949
458	0	0	458	0
72567	5723	679	15557	50608
6053	967	478	4608	0

表 3-5　规模以上工业企业办科技机构情况（2023 年）

项　目	机构数（个）	机构人员（人）	#博士毕业	#硕士毕业	机构经费支出（万元）	仪器和设备原价（万元）
合　计	637	40195	720	6753	1668738	1363731
一、按企业规模分						
大型	69	14204	262	3417	682757	467245
中型	202	15078	252	2023	623218	569605
小型	358	10869	202	1308	360741	326171
微型	8	44	4	5	2023	710
二、按登记注册类型分						
内资企业	528	32586	536	4960	1360909	1042290
港澳台商投资企业	46	3285	63	336	102349	122573
外商投资企业	63	4324	121	1457	205480	198868
三、按国民经济行业分						
采矿业	5	1633	79	932	59801	51455
石油和天然气开采业	1	1053	63	832	26010	14942
煤炭开采和洗选业与黑色金属矿采选业	0	0	0	0	0	0
非金属矿采选业	3	153	1	31	3361	8512
开采专业及辅助性活动	1	427	15	69	30431	28001
其他采矿业	0	0	0	0	0	0
制造业	627	38371	622	5731	1598767	1267353
农副食品加工业	12	269	10	31	4575	6595
食品制造业	15	529	15	65	12487	15915
酒、饮料和精制茶制造业	5	257	18	25	2337	10243
烟草制品业和纺织业	2	83	0	3	1679	2216
纺织服装、服饰业	0	0	0	0	0	0
皮革、毛皮、羽毛及其制品和制鞋业	2	189	1	3	1540	1989
木材加工和木、竹、藤、棕、草制品业	2	34	0	2	1065	1128
家具制造业	1	30	0	0	455	132
造纸和纸制品业	4	75	1	6	1770	2530
印刷和记录媒介复制业	5	362	2	4	6885	34046
文教、工美、体育和娱乐用品制造业	6	230	1	19	4648	3053

续表

项 目	机构数（个）	机构人员（人）	#博士毕业	#硕士毕业	机构经费支出（万元）	仪器和设备原价（万元）
石油、煤炭及其他燃料加工业	6	281	7	146	7464	24387
化学原料和化学制品制造业	68	3060	74	529	136053	67080
医药制造业	63	3885	163	1015	154653	111861
化学纤维制造业	0	0	0	0	0	0
橡胶和塑料制品业	32	1593	9	73	45550	61300
非金属矿物制品业	23	1291	10	79	41992	77529
黑色金属冶炼和压延加工业	16	2336	23	131	143488	84862
有色金属冶炼和压延加工业	9	243	4	43	16572	13334
金属制品业	41	2725	29	88	132930	129876
通用设备制造业	54	2468	13	270	69411	54631
专用设备制造业	83	4472	50	784	161805	161836
汽车制造业	44	1804	10	90	65258	79799
铁路、船舶、航空航天和其他运输设备制造业	18	937	4	92	29692	32791
电气机械和器材制造业	54	3944	91	998	181745	120028
计算机、通信和其他电子设备制造业	42	6438	57	1154	360611	154281
仪器仪表制造业	18	792	30	79	13511	15611
其他制造业	1	31	0	0	389	18
废弃资源综合利用业	0	0	0	0	0	0
金属制品、机械和设备修理业	1	13	0	2	202	282
电力、热力、燃气及水生产和供应业	**5**	**191**	**19**	**90**	**10169**	**44923**
电力、热力生产和供应业	2	148	17	76	8278	41813
燃气生产和供应业	1	5	0	0	432	85
水的生产和供应业	2	38	2	14	1460	3025
四、按企业控股情况分						
国有控股	113	9039	187	2279	398814	355016
集体控股	9	207	4	49	9844	7778
私人控股	443	21717	389	2492	887248	684537
港澳台商控股	22	2460	27	266	80401	95008
外商控股	48	6254	107	1562	269005	201944
其他	2	518	6	105	23426	19448

表 3-6 规模以上工业企业自主知识产权及相关情况（2023年）

项　目	专利申请数（件）	#发明专利	有效发明专利数（件）	发表科技论文数（篇）	拥有注册商标数（件）	形成国家或行业标准数（项）
合　计	19635	7249	30392	2050	16430	664
一、按企业规模分						
大型	4231	2573	7710	1096	2125	151
中型	4949	1794	7077	470	5082	194
小型	9986	2779	14940	482	9133	318
微型	469	103	665	2	90	1
二、按登记注册类型分						
内资企业	17178	6325	26628	1768	14230	571
港澳台商投资企业	640	193	1242	39	658	77
外商投资企业	1817	731	2522	243	1542	16
三、按国民经济行业分						
采矿业	1080	883	1958	526	120	58
石油和天然气开采业	438	344	841	295	0	52
煤炭开采和洗选业与黑色金属矿采选业	18	2	20	0	0	0
非金属矿采选业	49	14	39	22	112	1
开采专业及辅助性活动	575	523	1058	209	8	5
其他采矿业	0	0	0	0	0	0
制造业	17357	5496	26732	1327	16307	601
农副食品加工业	212	25	357	14	488	7
食品制造业	227	54	373	27	1889	4
酒、饮料和精制茶制造业	72	12	143	4	553	1
烟草制品业和纺织业	89	7	82	1	20	1
纺织服装、服饰业	6	4	39	0	25	0
皮革、毛皮、羽毛及其制品和制鞋业	12	1	7	1	16	0
木材加工和木、竹、藤、棕、草制品业	8	3	52	0	6	0
家具制造业	124	5	237	0	42	0
造纸和纸制品业	170	56	180	0	345	11
印刷和记录媒介复制业	161	24	232	0	28	3
文教、工美、体育和娱乐用品制造业	104	4	118	2	323	0

续表

项　目	专利申请数（件）	# 发明专利	有效发明专利数（件）	发表科技论文数（篇）	拥有注册商标数（件）	形成国家或行业标准数（项）
石油、煤炭及其他燃料加工业	87	82	342	80	178	1
化学原料和化学制品制造业	838	297	1933	110	2979	46
医药制造业	573	260	2529	229	2672	67
化学纤维制造业	0	0	0	0	0	0
橡胶和塑料制品业	686	109	960	34	257	11
非金属矿物制品业	590	133	738	27	218	35
黑色金属冶炼和压延加工业	711	153	706	104	465	28
有色金属冶炼和压延加工业	107	33	275	25	16	24
金属制品业	1124	184	1310	23	438	14
通用设备制造业	1789	465	2364	78	1467	92
专用设备制造业	2413	844	3544	141	1404	67
汽车制造业	1207	294	1471	24	147	15
铁路、船舶、航空航天和其他运输设备制造业	1220	249	812	89	259	1
电气机械和器材制造业	1975	728	2590	120	576	67
计算机、通信和其他电子设备制造业	2140	1332	4253	58	1108	46
仪器仪表制造业	473	100	792	23	360	59
其他制造业	55	2	46	10	6	0
废弃资源综合利用业	66	4	135	0	7	0
金属制品、机械和设备修理业	118	32	112	103	15	1
电力、热力、燃气及水生产和供应业	**1198**	**870**	**1702**	**197**	**3**	**5**
电力、热力生产和供应业	1084	853	1638	182	0	5
燃气生产和供应业	54	2	7	3	0	0
水的生产和供应业	60	15	57	12	3	0
四、按企业控股情况分						
国有控股	4709	2837	7980	1248	2465	228
集体控股	80	13	172	14	80	4
私人控股	12587	3545	18377	573	12167	413
港澳台商控股	396	72	653	2	315	11
外商控股	1803	765	2904	203	891	8
其他	60	17	306	10	512	0

表 3-7 规模以上工业企业新产品开发、生产及销售情况（2023 年）

项　目	新产品开发项目数（项）	新产品开发经费支出（万元）	新产品销售收入（万元）	# 出口
合　计	17475	3060245	41246491	6385926
一、按企业规模分				
大型	2632	1128670	19771931	4214012
中型	3935	879115	12047138	1320449
小型	10449	1025990	9249711	847989
微型	459	26471	177711	3475
二、按登记注册类型分				
内资企业	14993	2488104	32542806	3031598
港澳台商投资企业	885	179783	3419440	944815
外商投资企业	1597	392359	5284245	2409512
三、按国民经济行业分				
采矿业	320	56446	1766138	2672
石油和天然气开采业	4	2721	0	0
煤炭开采和洗选业与黑色金属矿采选业	0	0	0	0
非金属矿采选业	81	11774	166409	2672
开采专业及辅助性活动	235	41952	1599729	0
其他采矿业	0	0	0	0
制造业	16914	2963002	39175553	6383254
农副食品加工业	174	27679	374312	5663
食品制造业	394	30566	200714	46198
酒、饮料和精制茶制造业	73	6778	130751	1556
烟草制品业和纺织业	86	6923	99745	34060
纺织服装、服饰业	21	1488	23407	0
皮革、毛皮、羽毛及其制品和制鞋业	29	2031	27257	20268
木材加工和木、竹、藤、棕、草制品业	18	663	18387	262
家具制造业	177	24059	264860	14661
造纸和纸制品业	169	34298	253528	32344
印刷和记录媒介复制业	114	11055	136699	543
文教、工美、体育和娱乐用品制造业	92	9068	43153	20498

续表

项 目	新产品开发项目数（项）	新产品开发经费支出（万元）	新产品销售收入（万元）	# 出口
石油、煤炭及其他燃料加工业	160	83187	71671	0
化学原料和化学制品制造业	973	181749	3817818	601584
医药制造业	1140	243875	2028517	335442
化学纤维制造业	2	80	0	0
橡胶和塑料制品业	699	92425	1088398	85153
非金属矿物制品业	453	74749	939417	77594
黑色金属冶炼和压延加工业	453	335405	5216479	247678
有色金属冶炼和压延加工业	136	62186	509330	56524
金属制品业	1118	186544	2508652	306561
通用设备制造业	1885	216775	1939451	206849
专用设备制造业	2512	286543	2514675	274856
汽车制造业	1010	172118	3269939	350925
铁路、船舶、航空航天和其他运输设备制造业	845	125714	1619168	379603
电气机械和器材制造业	1712	296456	4482915	241251
计算机、通信和其他电子设备制造业	1550	382642	7358690	3024316
仪器仪表制造业	716	50768	209325	14426
其他制造业	56	1817	2464	766
废弃资源综合利用业	47	3418	8330	0
金属制品、机械和设备修理业	100	11947	17504	3673
电力、热力、燃气及水生产和供应业	**241**	**40798**	**304800**	**0**
电力、热力生产和供应业	174	30555	0	0
燃气生产和供应业	23	3938	304800	0
水的生产和供应业	44	6305	0	0
四、按企业控股情况分				
国有控股	3500	635686	8934547	794719
集体控股	74	12418	210758	38891
私人控股	11777	1800508	23883128	2002735
港澳台商控股	598	140684	2178510	813214
外商控股	1387	457827	5829572	2736107
其他	139	13123	209976	260

表 3-8　规模以上工业企业政府相关政策落实情况（2023 年）

单位：万元

项　目	来自政府部门的研发资金	研究开发费用加计扣除减免税	高新技术企业减免税
合　计	2218592	295145	273036
一、按企业规模分			
大型	817206	143374	82384
中型	640907	76435	107878
小型	747314	74234	82266
微型	13165	1103	509
二、按登记注册类型分			
内资企业	1672371	203096	203356
港澳台商投资企业	148376	19716	22532
外商投资企业	397845	72333	47148
三、按国民经济行业分			
采矿业	130355	22971	156
石油和天然气开采业	80258	16591	0
煤炭开采和洗选业与黑色金属矿采选业	304	109	156
非金属矿采选业	14568	1759	0
开采专业及辅助性活动	35225	4512	0
其他采矿业	0	0	0
制造业	2050617	266240	266739
农副食品加工业	16033	1142	855
食品制造业	19851	2858	4330
酒、饮料和精制茶制造业	4074	254	0
烟草制品业和纺织业	5010	724	2375
纺织服装、服饰业	1331	160	179
皮革、毛皮、羽毛及其制品和制鞋业	1379	201	77
木材加工和木、竹、藤、棕、草制品业	635	23	2
家具制造业	6586	645	1635
造纸和纸制品业	12307	1958	1541
印刷和记录媒介复制业	13012	1512	1272
文教、工美、体育和娱乐用品制造业	6663	986	538

续表

项 目	来自政府部门的研发资金	研究开发费用加计扣除减免税	高新技术企业减免税
石油、煤炭及其他燃料加工业	10414	1352	30
化学原料和化学制品制造业	113196	14017	23091
医药制造业	227830	25478	32857
化学纤维制造业	0	0	0
橡胶和塑料制品业	65223	6450	11067
非金属矿物制品业	58446	6052	11319
黑色金属冶炼和压延加工业	77341	8329	4676
有色金属冶炼和压延加工业	51240	7602	621
金属制品业	87214	11686	6387
通用设备制造业	135751	16594	19428
专用设备制造业	246996	28358	36932
汽车制造业	161857	36899	14663
铁路、船舶、航空航天和其他运输设备制造业	100574	10432	12557
电气机械和器材制造业	206615	24891	39780
计算机、通信和其他电子设备制造业	349172	49785	31972
仪器仪表制造业	48662	4859	6093
其他制造业	1364	121	446
废弃资源综合利用业	3272	329	1366
金属制品、机械和设备修理业	18572	2545	651
电力、热力、燃气及水生产和供应业	**37620**	**5934**	**6141**
电力、热力生产和供应业	25435	4257	3405
燃气生产和供应业	9996	1483	1476
水的生产和供应业	2189	195	1260
四、按企业控股情况分			
国有控股	420983	43389	30304
集体控股	12072	1308	384
私人控股	1230195	146184	162390
港澳台商控股	111306	15556	19387
外商控股	427744	85691	51226
其他	16292	3017	9344

表 3-9　规模以上工业企业技术获取和技术改造情况（2023年）

单位：万元

项　目	技术改造经费支出	购买境内技术经费支出	引进境外技术经费支出
合　计	190140	10394	20950
一、按企业规模分			
大型	128893	7820	20552
中型	35030	1937	57
小型	26138	626	340
微型	79	10	0
二、按登记注册类型分			
内资企业	182485	10346	787
港澳台商投资企业	4136	43	116
外商投资企业	3519	4	20047
三、按国民经济行业分			
采矿业	1060	0	0
石油和天然气开采业	0	0	0
煤炭开采和洗选业与黑色金属矿采选业	0	0	0
非金属矿采选业	1060	0	0
开采专业及辅助性活动	0	0	0
其他采矿业	0	0	0
制造业	170207	10394	20950
农副食品加工业	4872	0	116
食品制造业	303	65	32
酒、饮料和精制茶制造业	546	31	0
烟草制品业和纺织业	0	0	0
纺织服装、服饰业	0	0	0
皮革、毛皮、羽毛及其制品和制鞋业	0	0	0
木材加工和木、竹、藤、棕、草制品业	0	0	0
家具制造业	120	0	0
造纸和纸制品业	198	0	0
印刷和记录媒介复制业	437	0	0
文教、工美、体育和娱乐用品制造业	0	0	0

续表

项　目	技术改造经费支出	购买境内技术经费支出	引进境外技术经费支出
石油、煤炭及其他燃料加工业	51987	0	0
化学原料和化学制品制造业	19349	3281	738
医药制造业	3173	1863	0
化学纤维制造业	0	0	0
橡胶和塑料制品业	3058	0	0
非金属矿物制品业	584	102	0
黑色金属冶炼和压延加工业	54190	4439	0
有色金属冶炼和压延加工业	1038	21	0
金属制品业	7137	0	0
通用设备制造业	7045	0	19958
专用设备制造业	87	254	57
汽车制造业	7923	72	50
铁路、船舶、航空航天和其他运输设备制造业	553	240	0
电气机械和器材制造业	2735	0	0
计算机、通信和其他电子设备制造业	4674	25	0
仪器仪表制造业	123	0	0
其他制造业	76	0	0
废弃资源综合利用业	0	0	0
金属制品、机械和设备修理业	0	0	0
电力、热力、燃气及水生产和供应业	**18873**	**0**	**0**
电力、热力生产和供应业	18873	0	0
燃气生产和供应业	0	0	0
水的生产和供应业	0	0	0
四、按企业控股情况分			
国有控股	115640	3648	738
集体控股	39	0	0
私人控股	66913	6634	57
港澳台商控股	4038	40	0
外商控股	3509	72	20155
其他	0	0	0

第四部分

建筑业企业

表 4-1　建筑业企业基本情况（2023 年）

项　目	企业数（个）	#有R&D活动	#有研发机构	从业人员期末人数（人）	营业收入（万元）	利润总额（万元）	资产总计（万元）
合　计	432	72	51	116545	43152305	920380	76838507
一、按企业规模分							
大型	62	42	34	85305	38931158	874874	66258321
中型	150	27	16	21661	3270514	54491	8600615
小型	177	1	0	8134	726747	-10411	1450686
微型	43	2	1	1445	223887	1426	528884
二、按登记注册类型分							
内资企业	427	71	51	116196	43084148	916923	76652947
港澳台商投资企业	2	0	0	171	16404	-925	134243
外商投资企业	3	1	0	178	51753	4383	51317
三、按国民经济行业分							
房屋建筑业	112	17	17	36746	13460570	111195	23750818
土木工程建筑业	109	33	27	62204	26375863	790985	47235566
建筑安装业	104	16	7	12589	2496899	12613	3018555
建筑装饰、装修和其他建筑业	107	6	0	5006	818974	5588	2833568
四、按企业控股情况分							
国有控股	111	52	41	93152	39292919	916515	66726762
集体控股	7	0	1	1152	270328	2052	823918
私人控股	309	19	9	21864	3486434	-1216	7512562
港澳台商控股、外商控股和其他	5	1	0	377	102625	3029	1775265

注：本年鉴第四部分建筑业企业指辖区内有总承包或专业承包资质的建筑业法人单位。

表 4-2 建筑业企业 R&D

项　目	R&D人员（人）	#女性	#研究人员	按工作性质分	
				项目研究开发人员	管理和服务人员
合　计	10853	1166	4681	10446	407
一、按企业规模分					
大型	9762	998	4184	9422	340
中型	1036	154	482	972	64
小型	15	5	3	14	1
微型	40	9	12	38	2
二、按登记注册类型分					
内资企业	10802	1152	4662	10410	392
港澳台商投资企业	0	0	0	0	0
外商投资企业	51	14	19	36	15
三、按国民经济行业分					
房屋建筑业	3294	328	1446	3152	142
土木工程建筑业	6309	652	2718	6097	212
建筑安装业	1166	162	491	1116	50
建筑装饰、装修和其他建筑业	84	24	26	81	3
四、按企业控股情况分					
国有控股	10053	1016	4360	9709	344
集体控股	0	0	0	0	0
私人控股	749	136	302	701	48
港澳台商控股、外商控股和其他	51	14	19	36	15

人员情况（2023年）

按工作量分		R&D人员折合全时当量（人年）	#研究人员	按活动类型分		
全时人员	非全时人员			基础研究	应用研究	试验发展
5673	**5180**	**7982**	**3365**	**16**	**109**	**7857**
5009	4753	7169	2997	16	85	7068
628	408	765	354	0	14	752
2	13	10	2	0	0	10
34	6	37	11	0	11	27
5627	5175	7928	3345	16	109	7802
0	0	0	0	0	0	0
46	5	54	20	0	0	54
1983	1311	2513	1104	0	41	2473
3059	3250	4470	1869	16	55	4399
591	575	940	374	0	14	927
40	44	58	19	0	0	58
5122	4931	7273	3085	16	95	7162
0	0	0	0	0	0	0
505	244	654	260	0	14	641
46	5	54	20	0	0	54

表 4-3 建筑业企业 R&D

项 目	R&D经费内部支出	按活动类型分			按支出用途分			
		基础研究	应用研究	试验发展	经常费支出	#人员劳务费	资产性支出	土地与建筑物
合 计	860132	4680	18198	837254	853395	158597	6737	311
一、按企业规模分								
大型	832430	4680	17747	810002	826224	145587	6206	310
中型	25949	0	298	25651	25418	12226	531	1
小型	150	0	0	150	150	28	0	0
微型	1602	0	152	1450	1602	756	0	0
二、按登记注册类型分								
内资企业	859444	4680	18198	836566	852707	158236	6737	311
港澳台商投资企业	0	0	0	0	0	0	0	0
外商投资企业	688	0	0	688	688	361	0	0
三、按国民经济行业分								
房屋建筑业	220696	0	2516	218181	218555	33804	2141	2
土木工程建筑业	599013	4680	15384	578949	594544	107147	4469	309
建筑安装业	38603	0	298	38304	38476	17068	127	1
建筑装饰、装修和其他建筑业	1820	0	0	1820	1820	578	0	0
四、按企业控股情况分								
国有控股	834270	4680	17899	811690	828159	150801	6112	310
集体控股	0	0	0	0	0	0	0	0
私人控股	25174	0	298	24875	24548	7435	625	1
港澳台商控股、外商控股和其他	688	0	0	688	688	361	0	0

第四部分 建筑业企业

经费情况（2023年）

单位：万元

仪器和设备	按资金来源分			R&D经费外部支出	对境内研究机构支出	对境内高等学校支出	对境内企业支出	对境外支出
	政府资金	企业资金	其他资金					
6426	796	859336	0	12219	2719	462	8996	42
5896	533	831897	0	11379	2608	72	8656	42
530	263	25686	0	841	111	390	340	0
0	0	150	0	0	0	0	0	0
0	0	1602	0	0	0	0	0	0
6426	796	858648	0	12219	2719	462	8996	42
0	0	0	0	0	0	0	0	0
0	0	688	0	0	0	0	0	0
2139	0	220696	0	0	0	0	0	0
4161	736	598277	0	11922	2719	171	8990	42
126	60	38543	0	298	0	291	6	0
0	0	1820	0	0	0	0	0	0
5801	593	833677	0	11915	2710	166	8996	42
0	0	0	0	0	0	0	0	0
625	203	24971	0	305	9	296	0	0
0	0	688	0	0	0	0	0	0

表 4-4 建筑业企业办科技机构情况（2023 年）

项 目	机构数（个）	机构人员合计（人）	#博士毕业	#硕士毕业	机构经费支出（万元）	仪器和设备原价（万元）
合　计	**69**	**8771**	**119**	**918**	**498336**	**223206**
一、按企业规模分						
大型	50	7743	112	848	475027	204882
中型	18	970	2	63	21803	15642
小型	0	0	0	0	0	0
微型	1	58	5	7	1506	2682
二、按登记注册类型分						
内资企业	69	8771	119	918	498336	223206
港澳台商投资企业	0	0	0	0	0	0
外商投资企业	0	0	0	0	0	0
三、按国民经济行业分						
房屋建筑业	19	2713	56	227	153552	64194
土木工程建筑业	33	5322	61	649	303111	149584
建筑安装业	17	736	2	42	41673	9427
建筑装饰、装修和其他建筑业	0	0	0	0	0	0
四、按企业控股情况分						
国有控股	57	8147	115	884	487994	217525
集体控股	1	88	4	3	1805	2016
私人控股	11	536	0	31	8537	3665
港澳台商控股、外商控股和其他	0	0	0	0	0	0

表 4-5 建筑业企业自主知识产权及相关情况（2023 年）

单位：件

项目	专利申请数	#发明专利	有效发明专利数
合　计	3856	1234	3197
一、按企业规模分			
大型	3198	1079	2647
中型	560	123	363
小型	84	18	147
微型	14	14	40
二、按登记注册类型分			
内资企业	3841	1234	3197
港澳台商投资企业	0	0	0
外商投资企业	15	0	0
三、按国民经济行业分			
房屋建筑业	1501	426	881
土木工程建筑业	2033	714	1968
建筑安装业	284	83	259
建筑装饰、装修和其他建筑业	38	11	89
四、按企业控股情况分			
国有控股	3600	1180	2836
集体控股	7	1	12
私人控股	234	53	349
港澳台商控股、外商控股和其他	15	0	0

表 4-6 建筑业企业政府相关政策落实情况（2023 年）

单位：万元

项　目	来自政府部门的研发资金	研究开发费用加计扣除减免税	高新技术企业减免税
合　计	**299152**	**39119**	**54841**
一、按企业规模分			
大型	272727	35809	52816
中型	23277	2727	1431
小型	1344	449	430
微型	1805	133	164
二、按登记注册类型分			
内资企业	298460	39015	54801
港澳台商投资企业	0	0	0
外商投资企业	692	104	40
三、按国民经济行业分			
房屋建筑业	64641	5383	12569
土木工程建筑业	205521	31638	40506
建筑安装业	27328	1596	1268
建筑装饰、装修和其他建筑业	1663	502	498
四、按企业控股情况分			
国有控股	279562	36827	53589
集体控股	0	0	0
私人控股	18898	2188	1212
港澳台商控股、外商控股和其他	692	104	40

第五部分

重点服务业企业

2024 天津科技统计年鉴

表 5-1 重点服务业企业基本情况（2023 年）

项　目	企业单位数（个）	#有R&D活动	#有研发机构	从业人员期末人数（人）	营业收入（万元）	利润总额（万元）	资产总计（万元）
合　计	4793	380	93	666826	103076328	4215596	403199279
一、按企业规模分							
大型	162	56	21	183390	35212824	887015	65573092
中型	545	124	37	262220	13945490	1667771	148790281
小型	2294	188	33	197618	35265546	1127466	153768971
微型	1792	12	2	23598	18652469	533344	35066936
二、按登记注册类型分							
内资企业	4531	358	92	614123	93166221	2759338	375830631
港澳台商投资企业	125	8	0	32460	7111474	932217	18280029
外商投资企业	137	14	1	20243	2798633	524040	9088618
三、按国民经济行业分							
交通运输、仓储和邮政业	1732	31	7	139999	38765743	1403502	116202574
信息传输、软件和信息技术服务业	487	83	17	82147	14481914	669608	27069054
租赁和商务服务业	1321	28	4	284407	26503006	652899	168545026
科学研究和技术服务业	763	220	61	114375	19237567	1290207	45982470
水利、环境和公共设施管理业	90	12	4	17879	1578057	32383	39924048
卫生和社会工作	152	4	0	20962	1068145	12554	928555
文化、体育和娱乐业	248	2	0	7057	1441897	154443	4547552
四、按企业控股情况分							
国有控股	822	143	48	222989	33460257	2570595	326165504
集体控股	43	5	1	7715	292120	-13480	520731
私人控股	3673	212	41	396852	62639066	853385	56021413
港澳台商控股	110	6	1	21170	4150298	497474	11953155
外商控股	145	14	2	18100	2534587	307622	8538475

表 5-2 重点服务业企业

项　目	R&D人员（人）	#女性	#研究人员	按工作性质分	
				项目研究开发人员	管理和服务人员
合　计	22495	6095	11202	21017	1478
一、按企业规模分					
大型	13255	3194	7097	12389	866
中型	5768	1766	2564	5432	336
小型	3366	1098	1500	3097	269
微型	106	37	41	99	7
二、按登记注册类型分					
内资企业	20892	5656	10453	19507	1385
港澳台商投资企业	829	321	367	770	59
外商投资企业	774	118	382	740	34
三、按国民经济行业分					
交通运输、仓储和邮政业	625	114	251	574	51
信息传输、软件和信息技术服务业	4166	1088	1756	3965	201
租赁和商务服务业	651	240	255	581	70
科学研究和技术服务业	16462	4479	8714	15336	1126
水利、环境和公共设施管理业	355	78	110	336	19
卫生和社会工作	93	57	47	84	9
文化、体育和娱乐业	143	39	69	141	2
四、按企业控股情况分					
国有控股	13818	2994	7282	12802	1016
集体控股	116	23	41	109	7
私人控股	7212	2596	3253	6837	375
港澳台商控股	768	297	333	712	56
外商控股	581	185	293	557	24

R&D 人员情况（2023 年）

按工作量分		R&D 人员折合全时当量（人年）	# 研究人员	按活动类型分		
全时人员	非全时人员			基础研究	应用研究	试验发展
11190	**11305**	**15365**	**7553**	**190**	**1559**	**13615**
4684	8571	8749	4626	133	967	7649
4022	1746	4117	1852	17	306	3794
2420	946	2404	1039	40	285	2079
64	42	95	35	0	1	94
10205	10687	13874	6848	190	1486	12198
560	269	774	351	0	63	712
425	349	716	355	0	11	706
303	322	510	202	0	10	499
3005	1161	3225	1393	0	68	3157
414	237	382	166	40	26	316
6984	9478	10749	5612	150	1445	9154
275	80	335	100	0	0	335
80	13	60	30	0	0	60
129	14	104	50	0	10	94
5535	8283	9425	4908	190	817	8418
82	34	109	39	0	0	109
4591	2621	4637	2048	0	670	3968
506	262	728	325	0	62	666
476	105	465	232	0	11	454

表 5-3　重点服务业企业

项　目	R&D经费内部支出	按活动类型分			按支出用途分		
		基础研究	应用研究	试验发展	经常费支出	#人员劳务费	资产性支出
合　计	751360	9429	54617	687313	699808	444907	51552
一、按企业规模分							
大型	456977	3354	31003	422620	418979	256287	37998
中型	189712	1855	8439	179419	183137	124229	6575
小型	101939	4221	15065	82653	94975	62576	6964
微型	2732	0	111	2621	2717	1815	15
二、按登记注册类型分							
内资企业	667342	9429	53403	604510	616613	383022	50729
港澳台商投资企业	41697	0	1144	40553	41041	36134	657
外商投资企业	42321	0	71	42250	42154	25751	167
三、按国民经济行业分							
交通运输、仓储和邮政业	16551	0	248	16304	16088	12102	463
信息传输、软件和信息技术服务业	174445	0	6050	168395	166686	123237	7759
租赁和商务服务业	14110	4221	277	9612	14027	8208	83
科学研究和技术服务业	518448	5208	47783	465456	479824	288865	38624
水利、环境和公共设施管理业	12463	0	0	12463	9198	4986	3265
卫生和社会工作	4442	0	0	4442	3084	1116	1358
文化、体育和娱乐业	10902	0	260	10642	10902	6393	0
四、按企业控股情况分							
国有控股	468679	8244	22482	437954	437555	269248	31124
集体控股	2886	0	0	2886	2886	2418	0
私人控股	229064	1186	31034	196844	209725	128698	19338
港澳台商控股	34791	0	1031	33760	34774	32549	16
外商控股	15940	0	71	15869	14867	11994	1073

R&D 经费情况（2023 年）

单位：万元

土地与建筑物	仪器和设备	按资金来源分				R&D 经费外部支出	对境内研究机构支出	对境内高等学校支出	对境内企业支出	对境外支出
		政府资金	企业资金	境外资金	其他资金					
249	**51303**	**20943**	**728197**	**132**	**2088**	**168108**	**10382**	**5909**	**151818**	**0**
24	37975	7936	447638	132	1272	126362	8560	4240	113562	0
29	6546	7667	181946	0	99	30668	182	1155	29331	0
196	6768	5332	95890	0	718	7338	1640	514	5185	0
0	15	9	2723	0	0	3740	0	0	3740	0
82	50647	18572	647098	132	1539	161025	10093	4740	146193	0
0	656	2371	39326	0	0	2963	289	12	2661	0
167	0	0	41772	0	549	4120	0	1157	2964	0
171	293	0	16551	0	0	962	34	4	924	0
1	7758	7453	166311	132	549	24170	431	90	23649	0
4	78	306	13804	0	0	2816	130	43	2643	0
72	38552	9756	507152	0	1539	140061	9787	5672	124602	0
0	3265	3328	9135	0	0	100	0	100	0	0
0	1358	0	4442	0	0	0	0	0	0	0
0	0	100	10802	0	0	0	0	0	0	0
58	31066	15989	451151	0	1539	122344	659	5230	116455	0
0	0	0	2886	0	0	0	0	0	0	0
24	19314	4955	223978	132	0	41014	9434	679	30901	0
0	16	0	34791	0	0	2813	289	0	2524	0
167	907	0	15392	0	549	1938	0	0	1938	0

表 5-4 重点服务业企业办科技机构情况（2023 年）

项 目	机构数（个）	机构人员合计（人）	#博士毕业	#硕士毕业	机构经费支出（万元）	仪器和设备原价（万元）
合　计	145	11821	540	5391	473266	739246
一、按企业规模分						
大型	48	8124	401	4084	351690	623313
中型	52	3040	128	1174	99596	100127
小型	40	650	11	131	21787	15752
微型	5	7	0	2	194	54
二、按登记注册类型分						
内资企业	144	11734	540	5390	470594	738718
港澳台商投资企业	0	0	0	0	0	0
外商投资企业	1	87	0	1	2672	528
三、按国民经济行业分						
交通运输、仓储和邮政业	7	277	1	57	11649	6398
信息传输、软件和信息技术服务业	20	1309	23	278	40157	21699
租赁和商务服务业	8	175	3	17	2935	2217
科学研究和技术服务业	106	9878	504	4974	411630	699835
水利、环境和公共设施管理业	4	182	9	65	6894	9097
卫生和社会工作	0	0	0	0	0	0
文化、体育和娱乐业	0	0	0	0	0	0
四、按企业控股情况分						
国有控股	87	9843	457	4735	411302	655566
集体控股	1	46	0	2	351	5420
私人控股	54	1733	78	605	55815	77662
港澳台商控股	1	87	0	1	2672	528
外商控股	2	112	5	48	3126	70

表 5-5 重点服务业企业自主知识产权及相关情况（2023年）

单位：件

项目	专利申请数	# 发明专利	有效发明专利数
合　计	**5678**	**3171**	**9344**
一、按企业规模分			
大型	2492	1644	4711
中型	1779	978	2502
小型	1281	522	2023
微型	126	27	108
二、按登记注册类型分			
内资企业	5400	3007	8932
港澳台商投资企业	128	96	278
外商投资企业	150	68	134
三、按国民经济行业分			
交通运输、仓储和邮政业	255	78	305
信息传输、软件和信息技术服务业	1121	792	2173
租赁和商务服务业	167	70	415
科学研究和技术服务业	3987	2151	6271
水利、环境和公共设施管理业	71	21	119
卫生和社会工作	59	43	25
文化、体育和娱乐业	18	16	36
四、按企业控股情况分			
国有控股	3680	2273	5830
集体控股	26	0	51
私人控股	1809	804	3062
港澳台商控股	80	61	190
外商控股	83	33	211

表 5-6　重点服务业企业政府相关政策落实情况（2023 年）

单位：万元

项　目	来自政府部门的研发资金	研究开发费用加计扣除减免税	高新技术企业减免税
合　计	**775675**	**83484**	**104211**
一、按企业规模分			
大型	336137	45267	68724
中型	275850	22211	16997
小型	147691	14198	17412
微型	15996	1808	1079
二、按登记注册类型分			
内资企业	704344	79972	71810
港澳台商投资企业	35310	1527	26995
外商投资企业	36022	1985	5405
三、按国民经济行业分			
交通运输、仓储和邮政业	12866	1582	1051
信息传输、软件和信息技术服务业	334531	30090	30874
租赁和商务服务业	14311	1431	8343
科学研究和技术服务业	392092	47181	60566
水利、环境和公共设施管理业	7672	857	1051
卫生和社会工作	4685	916	29
文化、体育和娱乐业	9518	1428	2298
四、按企业控股情况分			
国有控股	336360	40731	59640
集体控股	1766	168	131
私人控股	397639	39742	14013
港澳台商控股	21618	1267	26918
外商控股	18292	1576	3509

第六部分
高等学校

2024 天津科技统计年鉴

表 6-1　高等学校科技活动人员基本情况（2019—2023 年）

项　目	单位	2019 年	2020 年	2021 年	2022 年	2023 年
高等学校数	个	53	54	51	54	53
教学与科研人员	人	42665	43822	44000	42218	43100
理、工、农、医类	人	26499	27045	27020	24904	25532
人文、社会科学类	人	16166	16777	16980	17314	17568
高等学校属 R&D 机构数	个	400	408	455	466	455
理、工、农、医类	个	325	326	359	357	347
人文、社会科学类	个	75	82	96	109	108
R&D 人员折合全时当量[①]	人年	17267.4	17167.1	20618.0	18670.6	17829.0
基础研究	人年	7131.6	6947.1	8321.6	8842.2	7698.1
应用研究	人年	8102.2	7861.0	9889.4	7896.2	8154.1
试验发展	人年	2033.5	2359.0	2407.1	1932.3	1976.8
理、工、农、医类学科 R&D 人员折合全时当量[①]	人年	14059.6	13986.7	15696.0	15011.9	13997.2
基础研究	人年	5801.3	5699.6	5957.5	7519.7	6167.1
应用研究	人年	6252.8	5957.9	7361.2	5574	5857.8
试验发展	人年	2005.5	2329.2	2377.3	1918.2	1972.3
人文、社会科学类学科 R&D 人员折合全时当量[①]	人年	3207.8	3180.4	3516.0	3658.7	3831.8
基础研究	人年	1330.3	1247.5	1351.2	1322.5	1531.0
应用研究	人年	1849.4	1903.1	2148.1	2322.2	2296.3
试验发展	人年	28.0	29.8	16.7	14.1	4.5

注：①本表中 R&D 人员折合全时当量数据为天津市统计局综合年报口径。

表 6-2　高等学校科技活动经费基本情况（2019—2023 年）

单位：万元

项　目	2019 年	2020 年	2021 年	2022 年	2023 年
科技活动经费内部支出	**595519**	**627121**	**611535**	**555334**	**632935**
#　劳务费	82497	84241	127572	119355	146505
业务费	431511	449179	387370	348790	384933
固定资产购建费	54434	60421	56548	46924	59864
理、工、农、医类	**556985**	**588182**	**569414**	**515984**	**583780**
#　劳务费	68193	69454	111696	102535	128640
业务费	412893	431815	368717	335830	367466
固定资产购建费	53614	59352	55414	44251	54907
人文、社会科学类	**38534**	**38939**	**42121**	**39350**	**49156**
#　劳务费	14304	14787	15876	16819	17864
业务费	18618	17364	18653	12961	17467
固定资产购建费	820	1069	1134	2673	4957
R&D 课题经费支出	**247229**	**229626**	**393800**	**320061**	**364999**
基础研究	63904	82764	150672	92098	148372
应用研究	116380	99089	179458	176594	175392
试验发展	66946	47772	63670	51369	41235
理、工、农、医类	**224715**	**207317**	**369713**	**300983**	**343261**
基础研究	53362	71881	140101	85174	140194
应用研究	104458	87768	166077	164459	161892
试验发展	66896	47668	63536	51350	41175
人文、社会科学类	**22514**	**22309**	**24086**	**19078**	**21738**
基础研究	10542	10883	10571	6924	8178
应用研究	11922	11321	13381	12135	13500
试验发展	50	104	134	19	60
科研基建投入	**81978**	**91622**	**382833**	**175704**	**180117**
科研基建支出	**79361**	**90511**	**360087**	**160504**	**178895**

表 6-3　高等学校 R&D 课题基本情况（2019—2023 年）

项　目	单位	2019 年	2020 年	2021 年	2022 年	2023 年
R&D 课题						
课题数	项	26987	29370	31021	30131	31998
课题投入人员	人年	11755.3	12098.0	13569.7	12711.4	13438.0
课题经费拨入	万元	381215	373243	392104	365422	462911
课题经费支出	万元	247229	229626	305522	302441	364999
理、工、农、医类						
R&D 课题数	项	15735	17768	18743	17287	18398
R&D 课题投入人员	人年	8551.9	8922.2	10059.6	9050.1	9604.5
R&D 课题经费拨入	万元	358877	352296	369713	343027	435329
R&D 课题经费支出	万元	224715	207317	281436	282662	343261
人文、社会科学类						
R&D 课题数	项	11252	11602	12278	12844	13600
R&D 课题投入人员	人年	3203.4	3175.8	3510.1	3661.3	3833.4
R&D 课题经费拨入	万元	22338	20947	22391	22395	27582
R&D 课题经费支出	万元	22514	22309	24086	19779	21738

表6-4 理、工、农、医类高等学校

项　目	教学与科研人员	科学家和工程师	高级
合　计	25532	25234	10464
一、按现从事学科分			
自然科学	3541	3528	1995
工程与技术科学	10812	10664	5314
医药科学	10122	9999	2774
农业科学	288	288	138
其他	769	755	243
二、按最后学历分			
博士研究生	10978	10969	6652
硕士研究生	8310	8214	2344
大学本科	5484	5326	1431
大学专科	526	509	33
中专及以下	234	216	4
三、按年龄分			
29岁及以下	1652	1514	63
30～34岁	4603	4524	452
35～39岁	5324	5301	1462
40～44岁	5583	5574	2642
45～49岁	3451	3442	2168
50～54岁	2857	2835	1813
55～59岁	1877	1859	1681
60岁及以上	185	185	183
四、按学校隶属关系分			
部委所属院校	7020	6957	4053
天津市所属院校	18512	18277	6411

科技人力资源情况（2023年）

单位：人

中级	初级	技术员	辅助人员
11496	3274	263	35
1424	109	12	1
4653	697	119	29
4930	2295	120	3
114	36	0	0
375	137	12	2
3972	345	9	0
4395	1475	96	0
2670	1225	158	0
313	163	0	17
146	66	0	18
395	1056	138	0
2909	1163	77	2
3220	619	22	1
2707	225	9	0
1196	78	5	4
917	105	5	17
150	28	7	11
2	0	0	0
2697	207	41	22
8799	3067	222	13

表 6-5 理、工、农、医类高等学校科技

项　目	教学与科研人员	#女性	教师技术职务	教授	副教授	讲师	助教	其他
合　计	25532	13813	12690	2825	4284	5024	536	21
一、按现从事学科分								
自然科学	3541	1600	3039	838	1003	1133	62	3
工程与技术科学	10812	4596	7775	1561	2745	3091	363	15
医药科学	10122	6962	1446	359	394	644	47	2
农业科学	288	164	207	43	65	68	31	0
其他	769	491	223	24	77	88	33	1
二、按最后学历分								
博士研究生	10978	4630	8883	2508	2996	3236	136	7
硕士研究生	8310	4806	2984	227	966	1470	310	11
大学本科	5484	3769	809	90	319	308	89	3
大学专科	526	420	14	0	3	10	1	0
中专及以下	234	188	0	0	0	0	0	0
三、按年龄分								
29岁及以下	1652	1134	542	1	24	316	198	3
30～34岁	4603	2733	2212	36	366	1624	181	5
35～39岁	5324	2994	2487	209	915	1246	110	7
40～44岁	5583	2958	2835	624	1160	1028	18	5
45～49岁	3451	1707	2010	572	870	556	12	0
50～54岁	2857	1544	1332	536	576	212	7	1
55～59岁	1877	701	1100	683	365	42	10	0
60岁及以上	185	42	172	164	8	0	0	0
四、按学校隶属关系分								
部委所属院校	7020	2761	5056	1419	1926	1587	121	3
天津市所属院校	18512	11052	7634	1406	2358	3437	415	18

第六部分 高等学校

人力资源按技术职务分布情况（2023年）

单位：人

其他技术职务	正高级	副高级	中级	初级	其他	辅助人员
12807	908	2447	6472	2717	263	35
501	29	125	291	44	12	1
3008	289	719	1562	319	119	29
8673	576	1445	4286	2246	120	3
81	5	25	46	5	0	0
544	9	133	287	103	12	2
2095	435	713	736	202	9	0
5326	248	903	2925	1154	96	0
4675	224	798	2362	1133	158	0
495	1	29	303	162	0	17
216	0	4	146	66	0	18
1110	0	38	79	855	138	0
2389	2	48	1285	977	77	2
2836	18	320	1974	502	22	1
2748	112	746	1679	202	9	0
1437	190	536	640	66	5	4
1508	265	436	705	97	5	17
766	311	322	108	18	7	11
13	10	1	2	0	0	0
1942	236	472	1110	83	41	22
10865	672	1975	5362	2634	222	13

表 6-6　理、工、农、医类高等学校科技活动经费情况（2023 年）

单位：万元

项　目	经费合计	部委所属院校	天津市所属院校
一、上年结转经费	517079	416114	100965
二、科技经费筹集额	678121	467322	210799
# R&D 经费拨入合计	552841	377895	174946
科研事业费	62300	33474	28826
# 科研人员工资 1	1364	1364	0
科研人员工资 2	39585	15773	23813
主管部门专项费	52773	48599	4174
# 平台建设经费	10575	6483	4092
人才队伍建设经费	11216	11216	0
其他学科建设经费	0	0	0
国家发改委、科技部专项费	89474	78691	10783
国家自然科学基金项目费	84788	63612	21176
国务院其他部门专项费	62660	54829	7831
省、市、自治区专项费	17730	3304	14426
地市厅局（含县）专项费	3681	197	3485
企、事业单位委托经费	269311	176318	92994
# 进入学校财务	240641	147647	92994
当年学校科技活动经费	31144	8244	22900
# 为国家科技计划项目配套	777	0	777
金融机构贷款	4128	0	4128
国外资金	78	56	22
其他资金	55	0	55
三、当年经费支出合计	635352	439387	195965
# R&D 经费支出合计	507524	347174	160350
转拨给外单位经费	51573	36610	14963
# 对境内研究机构	14805	12251	2554
对境内高等学校	23434	17753	5681
对境内企业	13328	6606	6722
对境外机构	0	0	0
内部支出经费合计	583780	402777	181003
人员劳务费	128640	79677	48963
业务费	367466	267880	99586
固定资产购置费	54907	31217	23690
# 仪器设备费	31925	16983	14942
上缴税金	8725	5867	2858
管理费	23963	18136	5827
其他支出	78	0	78
四、当年结余经费合计	558772	443473	115300
银行存款	558066	442767	115300

续表

项　目	经费合计	部委所属院校	天津市所属院校
暂付款	706	706	0
五、当年科研基建投入	**180108**	**65308**	**114799**
六、当年科研基建支出	**178895**	**67128**	**111768**
其中：土建工程	142219	35134	107084
仪器设备	35475	31993	3482

表 6-7 理、工、农、医类高等学校科技

项　目	机构数（个）	从业人员（人）	科技活动人员（人年）	# 高级职称
合　计	**355**	**10867**	**5750.9**	**3552.3**
一、按机构类型分				
R&D 机构	347	10603	5619.9	3468.3
其他机构	8	264	131.0	84.0
二、按机构级别分				
国家级机构	31	1658	828.2	573.0
省部级机构	318	9044	4848.6	2937.2
其他主管部门机构	6	165	74.1	42.1
三、按组成类型分				
单位独办	278	9018	4731.4	2892.8
与境内高校合办	19	474	266.6	161.0
与境内独立研究机构合办	11	314	192.9	146.8
与境外机构合办	17	348	198.3	129.2
与境内注册外商独资合办	0	0	0.0	0.0
与境内注册其他企业合办	27	626	320.7	195.5
其他	3	87	41.0	27.0
四、按学校隶属关系分				
部委所属院校	155	5133	2464.6	1721.1
天津市所属院校	200	5734	3286.3	1831.2

活动机构情况（2023年）

# 中级职称	培养研究生（人）	当年经费内部支出（万元）	# R&D 支出	承担课题（项）	固定资产原值（万元）	# 仪器设备
1875.5	**27134**	**227347**	**188408**	**13063**	**24225322**	**22956897**
1831.5	26740	225964	187632	12913	24214887	22947465
44.0	394	1383	776	150	10436	9433
231.5	6380	45735	33821	2065	226412	199925
1617.7	20645	180879	153857	10879	23987757	22746471
26.3	109	733	730	119	11153	10501
1557.5	22339	179370	149087	11037	23949973	22737874
95.6	2339	17987	16984	775	93546	90514
44.7	790	3223	2332	261	40315	36039
58.0	850	7762	7687	473	33413	31947
0.0	0	0	0	0	0	0
105.7	685	17516	11002	448	99231	53513
14.0	131	1488	1317	69	8843	7011
688.2	17158	182592	148083	6682	23685110	22526061
1187.3	9976	44755	40326	6381	540212	430836

表 6-8　理、工、农、医类高等学校

项　目	课题数（项）	当年经费投入（万元）	当年经费支出（万元）	当年投入人员（人年）
合　计	21555	501665	395475	10969.7
一、按项目活动类型分				
基础研究	6439	157905	140194	3404.7
应用研究	8803	217616	161892	4483.2
试验发展	3156	59808	41175	1716.6
R&D 成果应用	1344	34592	25887	642.4
科技服务	1813	31744	26327	722.8
二、按学科领域分				
自然科学	4101	89492	68640	1589.2
工程与技术	12890	365692	287385	6167.3
医药科学	3802	42002	35553	2927.1
农业科学	762	4480	3897	286.1
三、按项目来源分				
国家科技重大专项	9	135	116	4.7
国家重点研发计划	1198	88109	66890	651.7
国家科技部项目	51	1230	1145	28.2
国家自然科学基金项目	4464	84688	77127	2369.4
教育部科技项目	37	41	63	14.9
国家部委其他科技项目	691	57827	49993	445.4
省、自治区、直辖市科技项目	1933	12897	11145	911.6
地市厅局（含县）项目	1013	3747	2796	706.8
企业单位委托科技项目	9436	219864	152604	4533.4
事业单位委托科技项目	963	20687	19120	444.8
国际合作项目	16	78	99	6.8
自选课题	1730	12308	14345	839.1
其他课题	14	55	32	12.9
四、按学校隶属关系分				
部委所属院校	10501	358630	284391	4091.5
天津市所属院校	11054	143035	111084	6878.2

科技课题情况（2023年）

#女性	高级职称	中级职称	初级职称	其他	参与项目的研究生数（人）
3998.1	**5533.6**	**4309.2**	**1045.2**	**81.7**	**32368**
1297.6	1675.8	1331.6	370.3	27.0	11321
1585.5	2268.6	1758.2	420.2	36.2	11243
594.5	884.4	669.0	155.3	7.9	5669
243.1	348.2	249.3	42.4	2.5	1881
277.4	356.6	301.1	57.0	8.1	2254
580.3	903.2	622.8	48.9	14.3	6579
2087.3	3566.1	2211.8	336.5	52.9	19376
1210.8	941.9	1339.1	632.7	13.4	5807
119.7	122.4	135.5	27.1	1.1	606
2.2	2.7	1.4	0.4	0.2	16
235.3	406.5	206.3	33.9	5.0	2469
12.3	13.3	12.3	2.3	0.3	81
925.6	1150.7	941.3	256.7	20.7	8376
4.7	6.2	6.8	1.8	0.1	58
164.7	278.2	132.7	31.1	3.4	1053
293.2	421.0	376.1	107.1	7.4	2989
266.4	195.4	346.1	161.5	3.8	983
1604.5	2415.1	1739.3	344.6	34.4	12790
168.2	204.7	205.6	33.7	0.8	1506
1.3	4.9	1.9	0	0	15
311.5	429.2	334.7	69.6	5.6	2001
8.2	5.7	4.7	2.5	0	31
1365.5	2717.9	1257.5	83.2	32.9	15623
2632.6	2815.7	3051.7	962.0	48.8	16745

表 6-9　理、工、农、医类高等学校科技交流情况（2023 年）

交流形式		单位	合　计	按国（境）内外分		按学校隶属关系分	
				国（境）内	国（境）外	部委所属院校	天津市所属院校
合作研究	派遣	人次	**1772**	1537	235	344	1428
	接受	人次	**939**	757	182	238	701
国际学术会议	出席人员	人次	**3173**	2388	785	1470	1703
	交流论文	篇	**1919**	1276	643	1085	834
	特邀报告	篇	**595**	431	164	337	258
	主办会议	次	**46**	46	0	32	14

表6-10 理、工、农、医类高等学校技术转让与知识产权情况（2023年）

受让方类型	技术转让合同数（项）	合同金额（万元）	技术转让当年实际收入（万元）	知识产权类型	申请量（项）	授权量（项）	知识产权拥有量（项）
合　计	**931**	**47365**	**27160**	一、专利合计	5591	5244	24371
#专利出售	393	12818	10310	#国外	111	112	490
其他知识产权出售	33	1271	491	1.按知识产权类型分			
一、按登记注册类型分				发明专利	4790	4261	18385
国有企业	79	5846	4605	实用新型	712	864	5485
外资企业	10	407	251	外观设计	89	119	501
民营企业	738	39513	20728	2.按学校隶属关系分			
其他	104	1599	1577	部委所属院校	3314	3153	15674
二、按学校隶属关系分				天津市所属院校	2277	2091	8697
部委所属院校	675	30074	23912	二、其他知识产权	0	580	2700
天津市所属院校	256	17291	3249				

表6-11 理、工、农、医类高等学校

项 目	发表学术论文（篇）	# 国外学术刊物发表	三大检索系统收录论文（篇）		
			SCIE	EI	CPCI-S
合 计	26815	17638	15997	8757	412
一、按学科分					
自然科学	8221	6696	5767	3364	47
工程与技术科学	10441	7174	6630	5087	354
医药科学	7696	3574	3408	255	8
农业科学	457	194	192	51	3
二、按学校隶属关系分					
部委所属院校	14092	11240	10092	7926	350
天津市所属院校	12723	6398	5905	831	62

科技成果情况（2023年）

科技著作		# 国（境）外出版		大专院校教科书		编著	
部	千字	部	千字	部	千字	部	千字
84	**17780**	**6**	**1002**	**59**	**15179**	**62**	**7737**
11	3319	1	770	8	2791	4	904
27	7018	0	0	39	11376	11	2412
39	7062	2	120	10	931	47	4421
7	381	3	112	2	81	0	0
17	5594	1	770	13	6037	7	1705
67	12185	5	232	46	9142	55	6032

表 6-12　理、工、农、医类高等学校

项　目	获奖成果	特等奖
合　计	**112**	**5**
一、按学科分		
自然科学	14	2
工程与技术科学	72	2
医药科学	25	1
农业科学	1	0
其他	0	0
二、按承担单位分		
#第一承担单位	76	5
第二承担单位	21	0
三、按学校隶属关系分		
部委所属院校	40	3
天津市所属院校	72	2

科技成果奖励情况（2023年）

单位：项

省部级奖		其他
一等奖	二等奖	
29	63	15
6	4	2
18	42	10
5	16	3
0	1	0
0	0	0
22	40	9
3	15	3
13	23	1
16	40	14

表 6-13　人文、社会科学类高等学校教学

项　目	教学与科研人员	#女性	#教授	#副教授
合　计	17568	10991	1852	4526
一、按现从事学科分				
管理学	3134	1906	351	809
马克思主义	1022	673	105	243
哲学	208	103	35	64
逻辑学	10	3	3	3
宗教学	7	1	2	3
语言学	2338	1843	148	612
中国文学	391	271	53	120
外国文学	466	377	47	119
艺术学	2395	1407	200	553
历史学	357	137	94	111
考古学	15	6	3	4
经济学	1732	1073	283	506
政治学	237	111	38	48
法学	795	476	106	222
社会学	190	118	32	41
民族学	14	6	3	2
新闻学与传播学	203	130	26	59
图书馆、情报与文献学	699	504	40	150
教育学	1946	1231	165	472
统计学	93	60	13	25
心理学	204	144	30	52
体育科学	1089	406	63	303
其他学科	23	5	12	5
二、按年龄分				
60 岁以上	190	44	187	3
55～59 岁	1502	793	608	677
50～54 岁	1902	1080	411	868
45～49 岁	2708	1647	343	1102
40～44 岁	4690	3047	255	1348
35～39 岁	3345	2164	46	461
30～34 岁	2374	1610	2	64
29 岁及以下	857	606	0	3
三、按学校隶属关系分				
部委所属院校	2911	1445	623	905
天津市所属院校	14657	9546	1229	3621

与科研人员情况（2023 年）

单位：人

按职称分			按最后学历分		按最后学位分	
# 讲师	# 助教	# 初级	# 研究生	# 本科生	# 博士	# 硕士
8662	1742	782	13059	4499	5234	9313
1575	251	148	2399	732	1220	1445
446	172	52	903	115	387	561
82	13	14	199	9	129	70
4	0	0	9	1	8	2
2	0	0	6	1	6	0
1330	193	55	1666	672	382	1557
179	32	7	325	66	199	149
237	45	18	370	96	155	257
1176	344	122	1653	739	227	1527
140	5	7	343	14	290	54
6	2	0	14	1	13	1
771	104	68	1436	296	909	659
106	42	3	214	23	137	94
373	63	31	623	172	341	364
104	8	5	174	16	125	55
6	3	0	12	2	8	5
80	24	14	187	16	75	116
434	24	51	382	317	67	369
939	231	139	1242	704	301	1223
47	6	2	79	14	52	31
86	28	8	180	24	101	88
535	152	36	620	469	84	681
4	0	2	23	0	18	5
0	0	0	163	27	141	23
213	3	1	805	695	464	499
601	18	4	1216	685	624	807
1196	53	14	1917	790	877	1379
2742	270	75	3303	1387	1187	2766
2209	460	168	2808	536	1008	1920
1449	544	315	2132	240	810	1326
252	394	205	715	139	123	593
1163	93	127	2673	238	1903	774
7499	1649	655	10386	4261	3331	8539

表 6–14　人文、社会科学类高等学校

项　目			合　计	教授[①]
合　计		全时人数（人）	20	13
		非全时人数（人）	16275	2571
		非全时折合全时人数（人年）	3811.8	693.0
按学科分	管理学	全时人数（人）	2	1
		非全时人数（人）	3532	523
		非全时折合全时人数（人年）	875.3	149.0
	马克思主义	全时人数（人）	2	2
		非全时人数（人）	1159	168
		非全时折合全时人数（人年）	279.4	45.9
	哲学	全时人数（人）	0	0
		非全时人数（人）	142	53
		非全时折合全时人数（人年）	27.4	9.9
	逻辑学	全时人数（人）	0	0
		非全时人数（人）	10	4
		非全时折合全时人数（人年）	2.2	1.0
	宗教学	全时人数（人）	0	0
		非全时人数（人）	12	1
		非全时折合全时人数（人年）	2.6	0.2
	语言学	全时人数（人）	1	1
		非全时人数（人）	989	174
		非全时折合全时人数（人年）	235.1	43.9
	中国文学	全时人数（人）	0	0
		非全时人数（人）	312	75
		非全时折合全时人数（人年）	63.4	15.7
	外国文学	全时人数（人）	0	0
		非全时人数（人）	276	44
		非全时折合全时人数（人年）	52.1	8.2
	艺术学	全时人数（人）	0	0
		非全时人数（人）	1160	163
		非全时折合全时人数（人年）	310.0	46.0
	历史学	全时人数（人）	1	1
		非全时人数（人）	292	112
		非全时折合全时人数（人年）	66.5	28.9
	考古学	全时人数（人）	0	0
		非全时人数（人）	24	7
		非全时折合全时人数（人年）	5.0	1.7
	经济学	全时人数（人）	3	3
		非全时人数（人）	1702	334
		非全时折合全时人数（人年）	431.0	107.1

R&D 人员按职称分布情况（2023 年）

副教授	讲师	助教	初级	其他人员	研究生（学生）
3	4	0	0	0	0
3986	6663	1130	498	0	1427
970.4	1504.4	236.1	99.7	0	308.2
1	0	0	0	0	0
849	1400	222	103	0	435
226.3	332.0	48.3	21.5	0	98.2
0	0	0	0	0	0
245	481	115	34	0	116
61.4	107.9	29.1	6.7	0	28.4
0	0	0	0	0	0
42	39	1	1	0	6
8.1	8.4	0.1	0.1	0	0.8
0	0	0	0	0	0
1	2	0	0	0	3
0.1	0.7	0	0	0	0.4
0	0	0	0	0	0
5	5	0	0	0	1
1.0	1.3	0	0	0	0.1
0	0	0	0	0	0
254	440	66	24	0	31
60.9	98.0	19.8	6.5	0	6.0
0	0	0	0	0	0
78	110	6	2	0	41
16.8	19.4	0.8	0.2	0	10.5
0	0	0	0	0	0
77	136	4	0	0	15
15.6	25.2	0.5	0	0	2.6
0	0	0	0	0	0
286	490	99	24	0	98
80.3	129.3	21.0	5.0	0	28.4
0	0	0	0	0	0
69	79	4	2	0	26
18.0	15.4	0.5	0.2	0	3.5
0	0	0	0	0	0
5	7	0	1	0	4
1.4	1.4	0	0.1	0	0.4
0	0	0	0	0	0
391	561	63	28	0	325
100.7	138.5	14.4	4.9	0	65.4

项目			合计	教授[①]
按学科分	政治学	全时人数（人）	1	1
		非全时人数（人）	303	71
		非全时折合全时人数（人年）	73.2	20.1
	法学	全时人数（人）	1	1
		非全时人数（人）	583	101
		非全时折合全时人数（人年）	169.8	35.0
	社会学	全时人数（人）	0	0
		非全时人数（人）	444	76
		非全时折合全时人数（人年）	87.5	17.6
	民族学	全时人数（人）	0	0
		非全时人数（人）	34	9
		非全时折合全时人数（人年）	6.5	3.2
	新闻学与传播学	全时人数（人）	0	0
		非全时人数（人）	208	34
		非全时折合全时人数（人年）	47.9	8.1
	图书馆、情报与文献学	全时人数（人）	0	0
		非全时人数（人）	288	41
		非全时折合全时人数（人年）	55.2	9.2
	教育学	全时人数（人）	8	2
		非全时人数（人）	3466	389
		非全时折合全时人数（人年）	733.5	92.4
	统计学	全时人数（人）	0	0
		非全时人数（人）	170	26
		非全时折合全时人数（人年）	36.2	6.0
	心理学	全时人数（人）	1	1
		非全时人数（人）	262	25
		非全时折合全时人数（人年）	61.5	8.0
	体育科学	全时人数（人）	0	0
		非全时人数（人）	838	123
		非全时折合全时人数（人年）	178.5	33.3
	其他学科	全时人数（人）	0	0
		非全时人数（人）	69.0	18.0
		非全时折合全时人数（人年）	12.0	2.6

注：①本表中教授包括外聘的教授。

续表

副教授	讲师	助教	初级	其他人员	研究生（学生）
0	0	0	0	0	0
81	91	16	7	0	37
19.3	20.5	4.1	2.1	0	7.1
0	0	0	0	0	0
151	222	24	7	0	78
49.3	60.6	5.3	1.3	0	18.3
0	0	0	0	0	0
109	199	13	17	0	30
20.9	37.7	2.4	3.3	0	5.6
0	0	0	0	0	0
12	6	0	0	0	7
1.9	0.7	0	0	0	0.7
0	0	0	0	0	0
63	86	15	5	0	5
15.6	19.8	2.9	0.5	0	1.0
0	0	0	0	0	0
68	142	8	23	0	6
13.4	25.4	1.3	5.1	0	0.8
2	4	0	0	0	0
873	1632	366	158	0	48
181.6	345.8	69.2	31.7	0	12.8
0	0	0	0	0	0
42	78	8	2	0	14
8.3	15.2	1.6	0.4	0	4.7
0	0	0	0	0	0
64	121	38	10	0	4
17.3	28.5	5.6	1.4	0	0.7
0	0	0	0	0	0
207	316	60	49	0	83
49.8	69.2	9.0	8.1	0	9.1
0	0	0	0	0	0
14.0	20.0	2.0	1.0	0	14.0
2.4	3.5	0.2	0.6	0	2.7

表 6-15　人文、社会科学类高等学校 R&D 人员按学校隶属关系分布情况（2023 年）

项　　目			合　　计	按学校隶属关系分	
				部委所属院校	天津市所属院校
合　计		全时人数（人）	20	7	13
		非全时人数（人）	16275	3007	13268
		非全时折合全时人数（人年）	3811.8	780.7	3031.1
按学科分	管理学	全时人数（人）	2	1	1
		非全时人数（人）	3532	715	2817
		非全时折合全时人数（人年）	875.3	204.7	670.6
	马克思主义	全时人数（人）	2	0	2
		非全时人数（人）	1159	252	907
		非全时折合全时人数（人年）	279.4	67.3	212.1
	哲学	全时人数（人）	0	0	0
		非全时人数（人）	142	70	72
		非全时折合全时人数（人年）	27.4	13.9	13.5
	逻辑学	全时人数（人）	0	0	0
		非全时人数（人）	10	10	0
		非全时折合全时人数（人年）	2.2	2.2	0
	宗教学	全时人数（人）	0	0	0
		非全时人数（人）	12	6	6
		非全时折合全时人数（人年）	2.6	1.3	1.3
	语言学	全时人数（人）	1	1	0
		非全时人数（人）	989	175	814
		非全时折合全时人数（人年）	235.1	42.3	192.8
	中国文学	全时人数（人）	0	0	0
		非全时人数（人）	312	141	171
		非全时折合全时人数（人年）	63.4	33.1	30.3
	外国文学	全时人数（人）	0	0	0
		非全时人数（人）	276	89	187
		非全时折合全时人数（人年）	52.1	15.6	36.5
	艺术学	全时人数（人）	0	0	0
		非全时人数（人）	1160	49	1111
		非全时折合全时人数（人年）	310.0	12.6	297.4
	历史学	全时人数（人）	1	1	0
		非全时人数（人）	292	143	149
		非全时折合全时人数（人年）	66.5	32.9	33.6
	考古学	全时人数（人）	0	0	0
		非全时人数（人）	24	15	9
		非全时折合全时人数（人年）	5.0	3.0	2.0
	经济学	全时人数（人）	3	3	0
		非全时人数（人）	1702	511	1191
		非全时折合全时人数（人年）	431.0	129.0	302.0

续表

项目			合 计	按学校隶属关系分	
				部委所属院校	天津市所属院校
按学科分	政治学	全时人数（人）	1	0	1
		非全时人数（人）	303	93	210
		非全时折合全时人数（人年）	73.2	22.0	51.2
	法学	全时人数（人）	1	1	0
		非全时人数（人）	583	256	327
		非全时折合全时人数（人年）	169.8	82.2	87.6
	社会学	全时人数（人）	0	0	0
		非全时人数（人）	444	95	349
		非全时折合全时人数（人年）	87.5	22.2	65.3
	民族学	全时人数（人）	0	0	0
		非全时人数（人）	34	16	18
		非全时折合全时人数（人年）	6.5	3.6	2.9
	新闻学与传播学	全时人数（人）	0	0	0
		非全时人数（人）	208	27	181
		非全时折合全时人数（人年）	47.9	7.9	40.0
	图书馆、情报与文献学	全时人数（人）	0	0	0
		非全时人数（人）	288	88	200
		非全时折合全时人数（人年）	55.2	20.6	34.6
	教育学	全时人数（人）	8	0	8
		非全时人数（人）	3466	165	3301
		非全时折合全时人数（人年）	733.5	45.7	687.8
	统计学	全时人数（人）	0	0	0
		非全时人数（人）	170	5	165
		非全时折合全时人数（人年）	36.2	0.9	35.3
	心理学	全时人数（人）	1	0	1
		非全时人数（人）	262	24	238
		非全时折合全时人数（人年）	61.5	4.4	57.1
	体育科学	全时人数（人）	0	0	0
		非全时人数（人）	838	8	830
		非全时折合全时人数（人年）	178.5	3.0	175.5
	其他学科	全时人数（人）	0.0	0.0	0.0
		非全时人数（人）	69.0	54.0	15.0
		非全时折合全时人数（人年）	12.0	10.3	1.7

表 6-16　人文、社会科学类高等学校 R&D 经费情况（2023 年）

单位：万元

项　　目	经费合计	部委所属院校	天津市所属院校
一、上年结转经费	39946	26392	13553
二、当年经费收入合计	52030	19128	32902
1. 政府资金投入	29678	12116	17563
科研活动经费	14836	9231	5604
教育部科研项目经费	2422	1508	913
教育部其他科研经费	2071	2010	62
中央其他部门科研项目经费	8209	5182	3027
省、市、自治区社科基金项目	573	99	474
省教育厅科研项目经费	523	1	522
省教育厅其他科研经费	178	91	87
其他各类地方政府经费	859	341	519
科技活动人员工资	14833	2884	11949
科研基建费	10	0	10
2. 非政府资金投入	22352	7012	15340
企、事业单位委托项目经费	15344	5804	9539
金融机构贷款	799	0	799
自筹经费	4755	1208	3547
境外资金	23	0	23
# 港澳台地区合作项目经费	0	0	0
其他收入	29	0	29
科技活动人员工资	1402	0	1402
三、当年经费支出合计	49849	21474	28375
转拨给外单位经费	693	272	421
R&D 经费内部支出	49156	21202	27954
科研人员费	17864	3475	14389
业务费	17467	9825	7642
科研基建费	0	0	0
仪器设备费	4957	3239	1717
# 单价在 1 万元以上的设备费	356	41	315
图书资料费	2306	1669	636
间接费	5319	2141	3179
# 管理费	937	589	348
其他支出	1242	852	390
四、当年结余经费	42127	24047	18081
银行存款	42119	24047	18072
暂付款	9	0	9

表 6-17 人文、社会科学类高等学校研究机构情况（2023 年）

项　目	单位	合　计	部委所属院校	天津市所属院校
机构数	个	108	46	62
科技活动人员	人	1929	734	1195
# 博士毕业		1617	676	941
# 硕士毕业		230	57	173
培养研究生	人	2588	981	1607
R&D 经费支出	万元	6028	3866	2163
仪器设备原价	万元	19887	5288	14599
# 进口		9077	0	9077

表 6-18　人文、社会科学类高等学校

项　目	课题数（项）	当年投入人员（人年）	#研究生	当年经费拨入（万元）
合　计	13600	3833.4	308.2	27582
一、按学科分				
管理学	3096	877.2	98.2	9711
马克思主义	958	281.5	28.4	1126
哲学	122	27.4	0.8	220
逻辑学	10	2.2	0.4	65
宗教学	5	2.6	0.1	18
语言学	919	236.5	6.0	985
中国文学	261	63.4	10.5	488
外国文学	217	52.1	2.6	368
艺术学	991	310.0	28.4	2401
历史学	317	67.6	3.5	1054
考古学	28	5.0	0.4	72
经济学	1611	435.0	65.4	4376
政治学	329	74.1	7.1	754
法学	812	170.7	18.3	1606
社会学	325	87.5	5.6	431
民族学	24	6.5	0.7	20
新闻学与传播学	166	47.9	1.0	232
图书馆、情报与文献学	197	55.2	0.8	152
教育学	2360	741.9	12.8	1945
统计学	75	36.2	4.7	212
心理学	266	62.4	0.7	475
体育科学	453	178.5	9.1	666
其他学科	58	12.0	2.7	204
二、按学校隶属关系分				
部委所属院校	3690	788.9	120.0	12841
天津市所属院校	9910	3044.5	188.2	14741

R&D 课题情况（2023 年）

当年经费支出（万元）	基础研究					
	课题数（项）	当年投入人员（人年）	#研究生	当年经费拨入（万元）	当年经费支出（万元）	
21738	**5996**	**1531.6**	**95.7**	**10280**	**8178**	
7322	917	269.0	30.5	2459	1853	
844	643	152.9	4.8	779	556	
230	106	24.0	0.8	200	223	
42	8	1.8	0.4	45	33	
15	3	1.3	0.1	18	15	
693	580	144.1	4.9	693	459	
493	206	43.9	3.9	357	410	
366	137	33.9	2.0	211	234	
1635	408	142.5	9.2	368	305	
858	294	61.0	2.0	877	790	
65	22	4.0	0.2	46	46	
3455	594	120.4	7.9	2151	1624	
699	211	43.5	2.5	475	439	
1505	257	52.2	5.8	315	252	
527	118	24.5	0.9	123	229	
17	13	2.3	0.1	10	9	
171	94	22.7	0.3	107	74	
142	121	30.4	0.7	95	104	
1668	900	237.6	5.1	373	306	
133	14	8.4	2.1	54	39	
178	128	26.0	0.7	128	32	
593	193	78.3	8.3	274	89	
88	29	6.9	2.5	122	59	
11274	2064	417.4	44.6	6715	5595	
10464	3932	1114.2	51.1	3565	2583	

表 6-18　人文、社会科学类高等学校

项　目	应用理论研究				
	课题数（项）	当年投入人员（人年）	#研究生	当年经费拨入（万元）	当年经费支出（万元）
合　计	7581	2297.3	212.4	17162	13500
一、按学科分					
管理学	2172	606.6	67.7	7121	5411
马克思主义	315	128.6	23.6	347	288
哲学	16	3.4	0	20	7
逻辑学	2	0.4	0	20	9
宗教学	2	1.3	0	0	0
语言学	339	92.4	1.1	292	233
中国文学	54	19.3	6.6	124	84
外国文学	80	18.2	0.6	157	132
艺术学	582	167.4	19.2	2033	1330
历史学	23	6.6	1.5	177	68
考古学	6	1.0	0.2	26	19
经济学	1016	314.3	57.5	2224	1830
政治学	118	30.6	4.6	280	259
法学	555	118.5	12.5	1291	1254
社会学	206	62.5	4.7	307	298
民族学	11	4.2	0.6	10	8
新闻学与传播学	72	25.2	0.7	125	97
图书馆、情报与文献学	76	24.8	0.1	57	38
教育学	1454	503.5	7.6	1571	1361
统计学	61	27.8	2.6	158	94
心理学	133	35.6	0	347	146
体育科学	259	100.0	0.8	392	504
其他学科	29	5.1	0.2	82	29
二、按学校隶属关系分					
部委所属院校	1624	370.6	75.4	6125	5677
天津市所属院校	5957	1926.7	137.0	11037	7823

R&D课题情况（2023年）（续）

	试验发展				
课题数（项）	当年投入人员（人年）	#研究生		当年经费拨入（万元）	当年经费支出（万元）
23	4.5	0.1		140	60
7	1.6	0		132	58
0	0	0		0	0
0	0	0		0	0
0	0	0		0	0
0	0	0		0	0
0	0	0		0	0
1	0.2	0		7	0
0	0	0		0	0
1	0.1	0		0	0
0	0	0		0	0
0	0	0		0	0
1	0.3	0		0	0
0	0	0		0	0
0	0	0		0	0
1	0.5	0		1	0
0	0	0		0	0
0	0	0		0	0
0	0	0		0	0
6	0.8	0.1		1	1
0	0	0		0	0
5	0.8	0		0	0
1	0.2	0		0	0
0	0	0		0	0
2	0.9	0		1	3
21	3.6	0.1		139	57

表 6-19 人文、社会科学类高等学校 R&D

项　目	课题数（项）	部委所属院校	天津市所属院校	当年投入人员（人年）	#研究生
合　计	13600	3690	9910	3833.4	308.2
国家社会科学基金项目	1055	606	449	345.7	42.5
国家社会科学基金单列学科项目	64	11	53	29.9	4.6
教育部人文、社会科学研究项目	749	284	465	254.6	22.4
高校古籍整理研究项目	10	8	2	1.9	0.2
国家自然科学基金项目	275	224	51	86.3	14.2
中央其他部门社科专门项目	384	221	163	109.7	8.5
省、市、自治区社科项目	2116	448	1668	675.1	41.5
省教育厅社科项目	1156	75	1081	406.6	63.8
地、市、厅、局等政府部门项目	1403	172	1231	440.7	11.3
国际合作项目	1	1	0	0.1	0
与港澳台合作研究项目	1	1	0	0.1	0
企、事业单位委托项目	4367	1283	3084	941.3	80.4
学校社科研究项目	2009	353	1656	538.7	18.8
外资项目	4	0	4	1.7	0
其他项目	6	3	3	1.0	0

课题按课题来源分布情况（2023年）

当年经费拨入（万元）	# 当年立项项目拨入经费	当年经费支出（万元）	当年新开课题数（项）	当年新开课题批准经费（万元）	当年完成课题数（项）
27582	**19396**	**21738**	**3343**	**28658**	**2250**
4380	3176	4225	177	4770	99
295	172	311	11	204	13
2422	1684	1837	174	2800	96
10	10	6	1	10	0
2393	863	1981	43	1970	43
1131	807	798	68	1378	23
573	266	486	259	590	309
523	425	168	256	665	119
188	130	258	398	250	254
0	0	0	1	20	0
0	0	3	0	0	1
15344	11687	11259	1409	15523	867
298	175	386	546	477	424
23	0	18	0	0	1
1	0	2	0	0	1

表 6-20 人文、社会科学类高等学校

项　目	出版著作（部）	专著	#被译成外文	编著教材
合　计	541	333	7	193
一、按学科分				
管理学	82	59	1	23
马克思主义	28	25	0	3
哲学	5	5	0	0
逻辑学	0	0	0	0
宗教学	0	0	0	0
语言学	31	10	1	19
中国文学	37	22	0	14
外国文学	18	15	2	3
艺术学	65	22	0	39
历史学	79	51	1	28
考古学	4	3	0	1
经济学	39	25	0	8
政治学	7	4	0	3
法学	26	18	0	8
社会学	15	5	1	8
民族学	0	0	0	0
新闻学与传播学	5	4	0	1
图书馆、情报与文献学	4	3	0	1
教育学	56	29	1	27
统计学	2	2	0	0
心理学	4	3	0	1
体育科学	33	28	0	5
其他学科	1	0	0	1
二、按学校隶属关系分				
部委所属院校	215	160	2	45
天津市所属院校	326	173	5	148

研究成果情况（一）（2023年）

工具书、参考书	皮书/发展报告	科普读物	古籍整理（部）	译著（部）	发表译文（篇）
4	**11**	**0**	**1**	**64**	**2**
0	0	0	0	1	0
0	0	0	0	2	0
0	0	0	0	3	0
0	0	0	0	0	0
0	0	0	0	1	0
2	0	0	0	16	0
0	1	0	1	1	0
0	0	0	0	17	1
0	4	0	0	2	0
0	0	0	0	8	1
0	0	0	0	0	0
2	4	0	0	5	0
0	0	0	0	0	0
0	0	0	0	1	0
0	2	0	0	1	0
0	0	0	0	0	0
0	0	0	0	0	0
0	0	0	0	0	0
0	0	0	0	3	0
0	0	0	0	0	0
0	0	0	0	3	0
0	0	0	0	0	0
0	0	0	0	0	0
3	7	0	0	24	1
1	4	0	0	40	1

表 6-20 人文、社会科学类高等学校

项　目	电子出版物（篇）	发表论文（篇）	# 国内学术刊物	获奖成果数（项）
合　计	0	7550	6843	286
一、按学科分				
管理学	0	1355	1015	43
马克思主义	0	679	676	30
哲学	0	65	64	8
逻辑学	0	8	5	1
宗教学	0	7	4	0
语言学	0	417	385	13
中国文学	0	356	323	15
外国文学	0	150	121	3
艺术学	0	856	824	14
历史学	0	255	246	20
考古学	0	28	25	0
经济学	0	836	735	48
政治学	0	186	181	12
法学	0	389	374	26
社会学	0	169	146	7
民族学	0	24	23	0
新闻学与传播学	0	128	123	4
图书馆、情报与文献学	0	137	135	4
教育学	0	1201	1166	21
统计学	0	21	14	1
心理学	0	62	55	7
体育科学	0	186	168	8
其他学科	0	35	35	1
二、按学校隶属关系分				
部委所属院校	0	3107	2610	156
天津市所属院校	0	4443	4233	130

研究成果情况（一）（2023年）（续）

国家级奖	部级奖	省级奖	提交有关部门成果应用数（项）	#被采纳数
0	4	282	1130	873
0	0	43	267	189
0	0	30	21	14
0	0	8	0	0
0	0	1	0	0
0	0	0	2	2
0	0	13	19	13
0	0	15	1	0
0	0	3	5	4
0	1	13	142	56
0	0	20	12	9
0	0	0	0	0
0	2	46	161	155
0	0	12	129	118
0	1	25	60	55
0	0	7	22	11
0	0	0	1	1
0	0	4	6	5
0	0	4	1	0
0	0	21	243	208
0	0	1	6	6
0	0	7	3	3
0	0	8	27	23
0	0	1	2	1
0	2	154	223	207
0	2	128	907	666

表 6-21 人文、社会科学类高等学校

项　目	出版著作（部）	专著	#被译成外文	编著教材	工具书、参考书	皮书/发展报告	科普读物
合　计	267	181	6	81	1	4	0
一、按课题来源分							
国家社会科学基金项目	62	49	2	12	0	1	0
国家社会科学基金单列学科项目	6	0	0	6	0	0	0
教育部人文、社会科学研究项目	29	23	1	5	0	1	0
高校古籍整理研究项目	0	0	0	0	0	0	0
国家自然科学基金项目	22	21	0	1	0	0	0
中央其他部门社科专门项目	12	7	1	4	0	1	0
省、市、自治区社科项目	48	41	0	7	0	0	0
省教育厅社科项目	11	7	0	4	0	0	0
地、市、厅、局等政府部门项目	7	6	0	1	0	0	0
国际合作项目	1	1	1	0	0	0	0
与港澳台合作研究项目	0	0	0	0	0	0	0
企、事业单位委托项目	27	12	0	14	0	1	0
学校社科研究项目	35	11	0	23	1	0	0
外资项目	4	3	1	1	0	0	0
其他项目	3	0	0	3	0	0	0
二、按学校隶属关系分							
部委所属院校	96	78	1	13	1	4	0
天津市所属院校	171	103	5	68	0	0	0

研究成果情况（二）（2023年）

古籍整理（部）	译著（部）	发表译文（篇）	电子出版物（篇）	发表论文（篇）	#国内学术刊物	提交有关部门成果应用数（项）	#被采纳数
0	**11**	**1**	**0**	**5185**	**4683**	**822**	**619**
0	1	0	0	1380	1274	45	36
0	0	0	0	51	51	0	0
0	1	0	0	503	439	38	38
0	0	0	0	0	0	0	0
0	1	0	0	433	312	0	0
0	2	0	0	80	76	18	16
0	1	0	0	741	694	33	33
0	1	1	0	227	216	42	28
0	0	0	0	404	387	170	133
0	0	0	0	4	0	0	0
0	0	0	0	0	0	1	1
0	2	0	0	630	570	366	233
0	1	0	0	727	659	109	101
0	1	0	0	5	5	0	0
0	0	0	0	0	0	0	0
0	5	0	0	2322	1968	118	108
0	6	1	0	2863	2715	704	511

表 6-22　人文、社会科学类高等学校

项　目	校办学术会议（次）		参加学术会议		受聘讲学	
	本校独办	与外单位合办	参加人次	提交论文（篇）	派出人次	来校人次
合　计	341	260	8137	1491	1469	1378
一、按学术交流类别分						
国际学术交流	26	51	631	336	36	117
国内学术交流	302	193	7385	1122	1426	1248
与港澳台地区学校交流	13	16	121	33	7	13
二、按学校隶属关系分						
部委所属院校	136	101	1536	710	352	652
天津市所属院校	205	159	6601	781	1117	726

学术交流情况（2023年）

社科考察		进修学习		合作研究		
派出人次	来校人次	派出人次	来校人次	派出人次	来校人次	课题数（项）
1420	**1089**	**1842**	**1514**	**693**	**665**	**356**
28	59	63	3	65	33	18
1383	1029	1777	1494	625	628	335
9	1	2	17	3	4	3
344	217	63	104	256	193	129
1076	872	1779	1410	437	472	227

第七部分

高技术产业

2024 天津科技统计年鉴

表 7-1　高技术产业主要指标情况（2019—2023 年）

国民经济行业	2019 年	2020 年	2021 年	2022 年	2023 年
生产经营情况					
企业单位数（个）	491	549	585	598	621
平均用工人数（人）	178777	185898	186013	181952	176557
营业收入（亿元）	2720.16	2936.57	3339.49	3477.41	3267.66
利润总额（亿元）	164.54	200.32	264.46	255.37	215.56
R&D 人员情况					
有 R&D 活动的企业数（个）	230	283	308	308	300
R&D 人员（人）	16814	19386	24744	22745	23161
# 全时人员	13573	15763	19666	17705	18724
# 研究人员	7684	9082	10544	10198	10655
R&D 人员折合全时当量（人年）	11493	12365	15586	15758	18045
R&D 经费情况					
R&D 经费内部支出（万元）	524978	661557	816508	919945	895446
1. 按经费类别分					
# 人员劳务费	207033	260272	315573	329602	386731
仪器和设备	61692	59390	61040	93303	61708
2. 按经费来源分					
# 政府资金	21709	27581	19055	15604	18445
企业资金	503269	596844	767961	874354	824730
R&D 经费外部支出（万元）	108128	103938	116770	141092	166510
新产品开发和销售情况					
新产品开发项目数（项）	2870	3564	3972	4273	4739
新产品开发经费（万元）	625142	783510	855378	1036173	863448
新产品销售收入（万元）	8238239	9441170	12964540	12893083	10437152
# 出口	3423528	3628647	5487329	4454006	3444335
专利情况					
专利申请数（件）	3083	4459	4690	4705	4276
# 发明专利	1297	2315	2309	2309	2176
有效发明专利数（件）	5540	6731	7327	8372	8842
企业办研发机构情况					
有研发机构的企业数（个）	85	105	122	124	118
机构数（个）	102	137	159	169	157
机构人员（人）	12125	15197	15448	15898	13787
机构经费支出（万元）	412320	594801	726437	850970	666631
# 仪器设备	234883	318826	355064	399351	353631

注：本年鉴第七部分数据来源于《中国高技术产业统计年鉴》。

表 7-2　高技术产业主要指标按企业规模、

国民经济行业	合　计	按企业规模分		内资企业
		# 大型企业	# 中型企业	
生产经营情况				
企业单位数（个）	621	41	75	468
平均用工人数（人）	176557	86861	41557	106859
营业收入（亿元）	3267.66	1899.85	491.28	1715.86
利润总额（亿元）	215.56	126.90	10.02	124.20
R&D 人员情况				
有 R&D 活动的企业数（个）	300	23	53	262
R&D 人员（人）	23161	11138	5854	20152
# 全时人员	18724	9161	4720	16704
# 研究人员	10655	5260	2769	9307
R&D 人员折合全时当量（人年）	18045	9124	4264	16232
R&D 经费情况				
R&D 经费内部支出（万元）	895446	464495	198602	752410
1. 按经费类别分				
# 人员劳务费	386731	179196	110940	333296
仪器和设备	61708	43727	8161	45123
2. 按经费来源分				
# 政府资金	18445	12939	1666	11503
企业资金	824730	399554	196884	702383
R&D 经费外部支出（万元）	166510	127243	11611	151985
新产品开发和销售情况				
新产品开发项目数（项）	4739	1012	1016	4235
新产品开发经费（万元）	863448	351698	219314	683381
新产品销售收入（万元）	10437152	6036793	2240117	7263959
# 出口	3444335	2882358	288614	963269
专利情况				
专利申请数（件）	4276	706	1275	3677
# 发明专利	2176	497	631	1744
有效发明专利数（件）	8842	2569	2081	7774
企业办研发机构情况				
有研发机构的企业数（个）	118	13	33	101
机构数（个）	157	24	54	132
机构人员（人）	13787	6506	4269	12206
机构经费支出（万元）	666631	352411	179589	560991
# 仪器设备	353631	169840	99955	237870

第七部分 高技术产业

登记注册类型和行业分布情况（2023年）

按登记注册类型分		按行业分			
港澳台投资企业	外商投资企业	# 医药制造业	# 电子及通信设备制造业	# 计算机及办公设备制造业	# 医疗仪器设备及仪器仪表制造业
27	126	124	262	36	162
14365	55333	43353	85307	18305	18939
321.32	1230.48	710.23	1593.66	605.08	257.39
18.33	73.03	83.18	80.96	34.68	29.36
10	28	70	112	16	88
974	2035	6041	8687	4313	2830
767	1253	4967	6642	3840	2154
420	928	3102	3985	1676	1203
619	1194	5096	6583	3551	1809
32902	110134	219719	363667	195648	76988
17985	35449	81706	165353	83512	43082
4607	11977	13625	30979	14836	2024
640	6302	4964	7044	919	159
18683	103664	214706	342824	156306	76829
254	14271	20850	35282	104237	5418
189	315	1140	2004	282	1056
42823	137244	243875	385623	117350	110176
878891	2294303	2028517	6315861	1638475	410178
712045	1769021	335442	2576931	466834	61456
124	475	573	2293	549	787
81	351	260	1273	367	247
244	824	2529	3630	1280	1247
6	11	42	43	7	24
7	18	63	52	11	29
636	945	3885	4798	3835	1202
16631	89009	154653	264930	200538	44585
10429	105332	111861	195908	21555	23956

第八部分

火炬统计调查

2024 天津科技统计年鉴

表 8-1 国家高新技术企业基本情况（2019—2023 年）

项　目	2019 年	2020 年	2021 年	2022 年	2023 年
纳入统计企业数（个）	**6013**	**7348**	**9095**	**10715**	**11409**
大型企业	154	267	180	184	187
中型企业	478	587	539	579	593
小型企业	3294	3975	4617	5289	5534
微型企业	2087	2519	3759	4663	5095
从业人员期末人数（人）	**644967**	**693735**	**767362**	**794051**	**814000**
大型企业	268371	334304	314641	304888	307846
中型企业	159204	147306	174476	182590	182877
小型企业	196629	190803	244064	265282	278988
微型企业	20763	21322	34181	41291	44289
营业收入（亿元）	**10042.51**	**11483.60**	**13741.43**	**14489.85**	**15405.77**
大型企业	5683.01	7646.46	7733.70	7939.93	8482.53
中型企业	2255.51	1853.83	2838.03	2968.95	3053.02
小型企业	1954.29	1829.43	2911.57	3256.83	3517.55
微型企业	149.70	153.87	258.13	324.14	352.67
工业总产值（亿元）	**5461.23**	**6059.48**	**7739.10**	**8008.14**	**8422.44**
大型企业	2134.28	3316.26	3136.16	3192.27	3362.39
中型企业	1626.54	1250.10	2135.86	2103.05	2102.44
小型企业	1584.49	1390.01	2271.22	2464.89	2690.87
微型企业	115.91	103.10	195.86	247.93	266.74
年末资产总计（亿元）	**16794.95**	**17914.61**	**20095.05**	**22301.20**	**24514.96**
大型企业	9508.13	11563.47	11401.49	12467.96	13328.68
中型企业	3534.54	3336.28	4394.04	4954.63	5860.62
小型企业	2831.13	2725.57	3897.60	4399.82	4783.44
微型企业	921.15	289.29	401.93	478.79	542.22
净利润（亿元）	**456.05**	**511.92**	**612.39**	**562.96**	**552.85**
大型企业	265.04	335.29	332.11	291.16	282.67
中型企业	124.12	95.93	151.16	142.37	115.74
小型企业	74.74	75.00	126.55	129.46	153.74
微型企业	-7.85	5.70	2.57	-0.04	0.71
实际上缴税费总额（亿元）	**315.07**	**334.60**	**369.30**	**388.75**	**416.46**
大型企业	152.40	180.72	183.77	188.47	179.07
中型企业	80.42	79.01	89.30	100.77	113.02
小型企业	77.73	70.60	89.97	92.16	115.26
微型企业	4.53	4.27	6.27	7.35	9.11
出口总额（亿元）	**878.74**	**828.66**	**908.84**	**922.91**	**940.17**
大型企业	588.09	602.58	516.73	477.04	513.21
中型企业	137.90	113.52	212.78	226.22	206.48
小型企业	146.69	109.56	173.94	214.27	215.65
微型企业	6.06	2.99	5.40	5.38	4.83

表 8-2 国家高新技术企业

项　目	纳入统计企业数（个）	营业收入（万元）	# 技术收入	# 产品销售收入	# 高新技术产品
合　计	11409	154057716	23924400	120461404	99391991
一、按企业规模分					
大型	187	84825339	17341061	61587429	49263973
中型	593	30530214	3581947	24821173	20788656
小型	5534	35175452	2664328	30980342	26650919
微型	5095	3526711	337064	3072460	2688442
二、按国民经济行业分					
农、林、牧、渔业	66	237085	21516	195238	179088
农业	22	28382	1017	26704	26230
林业	2	22393	0	21999	14263
畜牧业	10	81468	497	62819	60878
渔业	9	16845	13	16486	14441
农、林、牧、渔专业及辅助性活动	23	87997	19989	67229	63275
采矿业	24	4044253	1110221	2709454	2374505
煤炭开采和洗选业	2	13323	0	12658	12658
石油和天然气开采业	9	2611584	427710	2119666	1866108
非金属矿采选业	2	434828	0	290376	290376
开采专业及辅助活动与其他采矿业	11	984519	682511	286754	205363
制造业	5923	82691085	888359	78434986	68080509
农副食品加工业	48	680956	56	664859	545500
食品制造业	70	887091	774	853763	736941
酒、饮料和精制茶制造业	9	156612	154	146156	133962
纺织业	39	205362	3057	190056	162517
纺织服装、服饰业	10	29228	0	29030	22412
皮革、毛皮、羽毛及其制品和制鞋业	8	57758	0	57493	50679
木材加工和木、竹、藤、棕、草制品业	29	139328	6	137541	124314
家具制造业	24	457103	263	443066	377812
造纸和纸制品业	93	1135516	0	1111333	1034295
印刷和记录媒介复制业	67	423799	363	413996	361390
文教、工美、体育和娱乐用品制造业	56	210782	345	208775	170920
石油、煤炭及其他燃料加工业	26	398617	3235	374121	177268
化学原料和化学制品制造业	294	6913335	84871	6484382	5773680
医药制造业	147	3402848	203126	2966420	2772793
化学纤维制造业	7	5056	419	4625	4377
橡胶和塑料制品业	341	2318894	1263	2258893	1936600
非金属矿物制品业	179	2096776	34635	1973713	1772817
黑色金属冶炼和压延加工业	150	12774391	8191	12418761	10729200
有色金属冶炼和压延加工业	67	2292199	191	2018634	1937944
金属制品业	558	6727938	6895	6411337	5449729

主要经济指标（2023 年）

工业总产值（万元）	净利润（万元）	实际上缴税费总额（万元）	# 所得税	年末资产总计（万元）	出口总额（万元）
84224399	5528543	4164627	958725	245149638	9401665
33623874	2826668	1790734	409710	133286838	5132058
21024437	1157446	1130196	311716	58606224	2064822
26908681	1537377	1152597	229123	47834399	2156499
2667406	7052	91101	8175	5422177	48286
0	346	4335	1539	1027619	3532
0	-937	317	8	138508	1131
0	1567	2071	1070	320790	0
0	-766	871	346	153840	0
0	1803	78	2	61675	0
0	-1322	998	113	352806	2401
3770469	14421	110147	7391	9407593	29756
12658	4166	2730	535	68607	0
2592499	-54798	62008	5	3994777	3750
184750	26630	11634	0	4468060	2324
980563	38424	33775	6851	876149	23682
76971679	2997970	2385863	546564	116405748	8890881
644943	76595	21009	12561	576198	81583
815783	50781	33613	11079	1434307	96287
150722	19607	9982	3346	109894	1556
182499	10383	13280	3177	322847	14410
36003	2186	2633	241	68535	0
49666	841	1087	140	48278	22676
84680	1400	4398	488	164433	3611
414792	31039	23145	4189	530723	34696
1075628	25372	40844	1727	1359615	14408
412501	6324	16904	2246	559187	20533
189742	21129	12418	1942	310277	53155
320942	38155	16425	238	403103	3250
5982036	229875	180328	39291	11358786	733384
3012671	354554	326406	76393	10185926	408122
5697	-1442	257	17	6875	459
2154406	135573	76733	18706	3271230	165543
1863041	61051	84896	11868	2988194	122801
11906184	-82172	148721	15865	10272037	564121
2251472	-179735	18411	2321	7907204	157031
6240169	139992	114157	13824	5374510	329993

项　目	纳入统计企业数（个）	营业收入（万元）	#技术收入	#产品销售收入	#高新技术产品
通用设备制造业	1174	6078792	51038	5849677	5115220
专用设备制造业	783	6089606	215481	5668806	4840171
汽车制造业	259	5295550	13919	5049880	4110981
铁路、船舶、航空航天和其他运输设备制造业	215	4194256	19978	4121755	3422243
电气机械和器材制造业	432	7823490	48511	7416757	6300915
计算机、通信和其他电子设备制造业	253	9514348	103987	8986946	8228346
仪器仪表制造业	423	1168915	34636	1092044	885046
其他制造业	82	940569	3074	868021	707067
废弃资源综合利用业	12	66421	31	66194	57318
金属制品、机械和设备修理业	68	205547	49861	147953	138049
电力、热力、燃气及水生产和供应业	**86**	**3357959**	**187271**	**2789862**	**2507408**
电力、热力生产和供应业	60	2660206	186955	2135714	1878234
燃气生产和供应业	5	431654	0	427234	404317
水的生产和供应业	21	266099	316	226914	224856
建筑业	**377**	**33118207**	**6197166**	**24420842**	**16843093**
房屋建筑业	78	10846581	952130	9535603	6654641
土木工程建筑业	146	20313535	5097253	13116725	8996042
建筑安装业	109	1628768	85783	1505169	992263
建筑装饰、装修和其他建筑业	44	329323	61999	263345	200148
批发和零售业	**98**	**462244**	**13738**	**421439**	**135653**
批发业	83	448427	12206	411069	127421
零售业	15	13817	1533	10370	8232
交通运输、仓储和邮政业	**55**	**919788**	**336544**	**565582**	**453836**
铁路运输业	2	12776	2716	0	0
道路运输业	18	338864	103661	231945	182596
水上运输业	7	112095	14595	97453	90519
航空运输业和管道运输业	7	4366	827	2385	2385
多式联运和运输代理业	8	262791	202210	60300	28922
装卸搬运和仓储业与邮政业	13	188897	12535	173501	149414
信息传输、软件和信息技术服务业	**2313**	**7597467**	**3491142**	**2979006**	**2499200**
电信、广播电视和卫星传输服务	35	460058	174062	257203	161932
互联网和相关服务	188	1785375	581607	550134	372707
软件和信息技术服务业	2090	5352034	2735473	2171669	1964561
金融业与房地产业	**2**	**2518**	**2265**	**254**	**152**
租赁和商务服务业	**36**	**122008**	**41669**	**77392**	**73941**
租赁业	7	22773	13480	9082	9064
商务服务业	29	99235	28189	68310	64877
科学研究和技术服务业	**2185**	**20452775**	**11401339**	**7090387**	**5542208**
研究和试验发展	277	936619	591469	302020	204356

续表

工业总产值 （万元）	净利润 （万元）	实际上缴税费总额 （万元）	# 所得税	年末资产总计 （万元）	出口总额 （万元）
6024972	303933	224034	55071	7798798	562566
5884585	280982	278693	67443	11758624	685738
5170456	240727	150451	37337	6527726	882123
4030994	41795	108708	25362	5320966	500286
6849057	281121	201432	51593	9586253	416814
9110751	776131	187891	76685	14667933	2931988
968426	111786	57088	11011	1961441	41412
878657	16348	17637	814	1058190	22244
63939	-9007	2391	252	146362	0
196266	12646	11889	1336	327296	20091
3220228	96079	113703	18276	6447488	0
2565975	33605	70132	13208	5105342	0
423133	23903	5988	1338	464196	0
231119	38571	37583	3730	877950	0
31452	606167	527588	98237	53713635	43092
9654	76798	130854	25515	15504228	0
15610	515026	358729	66160	35558861	9350
4221	8082	27592	3774	2133297	33709
1968	6262	10414	2787	517248	33
1557	-29341	12553	698	1730858	731
696	-27561	12364	692	1698752	731
860	-1780	189	6	32106	0
0	100137	60359	26755	2343540	321
0	45	2	0	8614	0
0	34353	20717	10947	1417979	82
0	17455	4524	2710	264904	239
0	333	1212	9	5205	0
0	10543	19984	3694	145612	0
0	37410	13920	9395	501227	0
135662	550229	350868	110614	21613208	194062
0	23296	13891	2004	643914	127622
94	41184	55959	19571	7726201	7144
135567	485749	281019	89040	13243092	59296
0	-2924	38	1	38345	0
0	6315	6703	2397	515754	0
0	1462	421	0	67474	0
0	4854	6282	2397	448280	0
84955	1083029	554757	133236	29155497	234804
61781	12470	23653	4030	2228601	6428

项　目	纳入统计企业数（个）	营业收入（万元）	# 技术收入	# 产品销售收入	# 高新技术产品
专业技术服务业	950	18021448	10517156	5655153	4339955
科技推广和应用服务业	958	1494708	292713	1133214	997897
水利、环境和公共设施管理业	**173**	**526033**	**142561**	**362229**	**289420**
水利管理业	13	9189	1204	6968	6968
生态保护和环境治理业	148	393258	70920	302135	240680
公共设施管理业	12	123586	70437	53127	41772
居民服务、修理和其他服务业	**32**	**55200**	**17374**	**37418**	**35663**
居民服务业	4	6340	515	5825	5096
机动车、电子产品和日用产品修理业	3	511	260	251	251
其他服务业	25	48348	16599	31342	30315
教育	**8**	**63986**	**53788**	**98**	**98**
卫生和社会工作	**10**	**69001**	**9494**	**59491**	**59491**
文化、体育和娱乐业	**21**	**338107**	**9954**	**317725**	**317725**
广播、电视、电影和录音制作业	8	256386	7198	238783	238783
文化艺术业	10	81450	2610	78819	78819
体育与娱乐业	3	271	146	124	124
三、按行政区划分①					
和平区	185	1027312	236754	775359	587645
河东区	169	2417674	569914	1717175	1104572
河西区	221	4364087	2251765	1157106	995573
南开区	417	2930209	1363692	1322792	1111225
河北区	122	937695	183579	678434	478254
红桥区	114	1193721	405348	771126	603304
东丽区	593	8882404	607140	8076455	5932964
西青区	904	7129617	316314	6657196	5324273
津南区	899	5394865	102828	5057710	4448270
北辰区	703	9424618	504236	8569157	7433243
武清区	942	9555000	448888	8572764	7299534
宝坻区	345	3696796	132565	3356992	3036163
滨海新区	4967	82736595	16741724	59812714	48662294
# 开发区	1139	19635562	2827660	15240765	13224866
保税区	636	30770694	8270055	20274825	16021784
高新区	2293	18611613	3885106	12758137	10494728
宁河区	176	4274496	9198	4129301	3885909
静海区	549	9283982	22088	9058886	7831225
蓟州区	103	808645	28368	748237	657543

注：①本年鉴第八部分高新技术企业按行政区划分均根据其认定所在行政区划分。

续表

工业总产值 （万元）	净利润 （万元）	实际上缴税费总额 （万元）	#所得税	年末资产总计 （万元）	出口总额 （万元）
13389	1024215	482533	117715	24633009	207646
9786	46344	48571	11492	2293887	20729
8396	**59618**	**24506**	**8016**	**2167561**	**0**
0	−645	137	0	26336	0
7977	43046	16349	4775	783664	0
420	17217	8020	3241	1357561	0
0	**1015**	**1450**	**160**	**61302**	**270**
0	308	229	49	6833	0
0	8	6	1	1298	0
0	699	1214	111	53171	270
0	**8620**	**2312**	**953**	**51393**	**0**
0	**2029**	**1183**	**330**	**138801**	**0**
0	**34832**	**8262**	**3557**	**331297**	**4215**
0	21942	5390	2082	251676	4215
0	12910	2868	1474	78707	0
0	−20	3	2	914	0
43242	27145	35851	5896	1517374	932
399265	94707	70018	11300	3192572	7794
385373	166054	99640	21573	9687256	11321
798379	186315	132181	27820	4777757	314174
121269	32765	21990	4584	2117164	3320
172657	76681	21840	4042	2356602	2318
6781056	112694	264073	35902	12945156	774275
5954787	286534	240577	64883	10950404	629670
4364395	226841	134985	29921	6585821	242161
7231326	575778	343738	87461	13629974	429743
7171491	295100	315091	66622	18807731	983177
3261316	120323	100695	20043	5041982	163989
34501643	3094065	2121952	532352	142999340	5413625
13629921	596648	617072	197161	35921631	3351574
8796549	767814	590834	114334	47674360	500174
7853308	1153839	556219	144001	35412537	1059867
3738324	53812	81157	10435	3622372	151740
8640354	163248	149872	31160	5820856	267349
659520	16481	30967	4731	1097278	6077

表 8-3　国家高新技术企业从业人员情况（2023 年）

单位：人

项　目	从业人员期末人数	#留学归国人员	#外籍常驻人员	#本科及以上人员	#中层及以上管理人员
合　计	814000	2933	407	350543	72993
一、按企业规模分					
大型	307846	1689	51	161072	17924
中型	182877	566	109	76073	14624
小型	278988	550	204	95979	32772
微型	44289	128	43	17419	7673
二、按国民经济行业分					
农、林、牧、渔业	**3659**	**6**	**1**	**900**	**300**
农业	735	1	0	152	46
林业	110	0	0	92	13
畜牧业	695	2	1	149	64
渔业	211	0	0	52	28
农、林、牧、渔专业及辅助性活动	1908	3	0	455	149
采矿业	**29315**	**64**	**0**	**12299**	**948**
煤炭开采和洗选业	345	0	0	82	50
石油和天然气开采业	21103	50	0	9058	410
非金属矿采选业	3866	0	0	1077	188
开采专业及辅助活动与其他采矿业	4001	14	0	2082	300
制造业	**484341**	**862**	**339**	**142379**	**40691**
农副食品加工业	3766	5	7	1126	508
食品制造业	6268	4	2	1527	568
酒、饮料和精制茶制造业	1042	1	0	276	56
纺织业	3144	0	0	671	330
纺织服装、服饰业	613	0	0	97	69
皮革、毛皮、羽毛及其制品和制鞋业	1409	0	0	69	95
木材加工和木、竹、藤、棕、草制品业	974	0	2	151	121
家具制造业	8490	0	0	588	328
造纸和纸制品业	6312	1	3	978	506
印刷和记录媒介复制业	5461	2	0	808	566
文教、工美、体育和娱乐用品制造业	3866	11	0	605	423
石油、煤炭及其他燃料加工业	2652	2	1	908	282
化学原料和化学制品制造业	24360	57	13	9026	2439
医药制造业	34653	223	57	18369	2810
化学纤维制造业	120	2	0	41	20
橡胶和塑料制品业	20063	9	16	3496	1890

续表

项　目	从业人员期末人数	#留学归国人员	#外籍常驻人员	#本科及以上人员	#中层及以上管理人员
非金属矿物制品业	15400	4	1	3359	1335
黑色金属冶炼和压延加工业	31324	13	8	5097	1249
有色金属冶炼和压延加工业	7438	10	0	1329	496
金属制品业	32319	20	46	5142	2878
通用设备制造业	53419	107	29	14979	5437
专用设备制造业	51612	117	46	18260	4992
汽车制造业	40389	34	48	7453	2593
铁路、船舶、航空航天和其他运输设备制造业	25667	35	0	8028	1876
电气机械和器材制造业	35596	70	17	11929	3032
计算机、通信和其他电子设备制造业	43808	102	32	18691	3135
仪器仪表制造业	16205	23	4	7190	1835
其他制造业	3798	6	5	1067	384
废弃资源综合利用业	407	1	0	115	65
金属制品、机械和设备修理业	3766	3	2	1004	373
电力、热力、燃气及水生产和供应业	**9519**	**33**	**1**	**5009**	**1090**
电力、热力生产和供应业	6877	14	1	3973	742
燃气生产和供应业	1000	5	0	406	91
水的生产和供应业	1642	14	0	630	257
建筑业	**89084**	**140**	**8**	**57942**	**10055**
房屋建筑业	20448	7	0	13721	1549
土木工程建筑业	57295	130	1	39445	6784
建筑安装业	9447	3	7	4018	1484
建筑装饰、装修和其他建筑业	1894	0	0	758	238
批发和零售业	**2647**	**7**	**1**	**993**	**375**
批发业	2441	4	0	889	338
零售业	206	3	1	104	37
交通运输、仓储和邮政业	**5773**	**18**	**0**	**2580**	**427**
铁路运输业	53	0	0	16	9
道路运输业	2732	5	0	1259	118
水上运输业	840	4	0	329	89
航空运输业和管道运输业	146	1	0	37	24
多式联运和运输代理业	413	0	0	243	33
装卸搬运和仓储业与邮政业	1589	8	0	696	154
信息传输、软件和信息技术服务业	**67827**	**584**	**15**	**45874**	**7471**
电信、广播电视和卫星传输服务	1371	1	0	935	85

续表

项 目	从业人员期末人数	#留学归国人员	#外籍常驻人员	#本科及以上人员	#中层及以上管理人员
互联网和相关服务	7344	49	0	4634	804
软件和信息技术服务业	59112	534	15	40305	6582
金融业与房地产业	**77**	**0**	**0**	**51**	**8**
租赁和商务服务业	**997**	**8**	**0**	**492**	**159**
租赁业	258	0	0	64	34
商务服务业	739	8	0	428	125
科学研究和技术服务业	**112210**	**1168**	**41**	**78309**	**10499**
研究和试验发展	13689	108	7	10054	1525
专业技术服务业	81567	989	24	60161	6794
科技推广和应用服务业	16954	71	10	8094	2180
水利、环境和公共设施管理业	**5929**	**12**	**1**	**2117**	**628**
水利管理业	144	0	0	94	29
生态保护和环境治理业	3711	12	1	1692	496
公共设施管理业	2074	0	0	331	103
居民服务、修理和其他服务业	**996**	**1**	**0**	**328**	**134**
居民服务业	318	0	0	37	15
机动车、电子产品和日用产品修理业	33	0	0	13	6
其他服务业	645	1	0	278	113
教育	**117**	**3**	**0**	**85**	**23**
卫生和社会工作	**695**	**8**	**0**	**518**	**87**
文化、体育和娱乐业	**814**	**19**	**0**	**667**	**98**
广播、电视、电影和录音制作业	667	19	0	585	80
文化艺术业	126	0	0	79	14
体育与娱乐业	21	0	0	3	4
三、按行政区划分					
和平区	7931	46	1	5821	882
河东区	10807	38	0	6257	1632
河西区	21120	235	1	16317	1933
南开区	22256	193	3	15073	2433
河北区	7291	5	1	3937	970
红桥区	8244	51	1	5666	844
东丽区	45138	146	26	16453	3503
西青区	54596	161	36	19176	4913
津南区	37510	49	8	10907	3966
北辰区	53002	173	25	17607	4434
武清区	68935	122	42	19055	6080

续表

项　目	从业人员期末人数	# 留学归国人员	# 外籍常驻人员	# 本科及以上人员	# 中层及以上管理人员
宝坻区	30137	21	9	4982	2566
滨海新区	380741	1673	248	199875	33386
# 开发区	122676	644	116	59644	9752
保税区	95137	424	21	54924	6773
高新区	107454	441	83	61667	11105
宁河区	16961	7	1	2432	1153
静海区	41850	10	5	5743	3588
蓟州区	7481	3	0	1242	710

表 8-4 国家高新技术企业研究

项　目	研究开发费用合计	人员人工费用	直接投入费用	折旧费用与长期待摊费用	无形资产摊销费用
合　计	7751001	2948072	3387027	355190	54358
一、按企业规模分					
大型	3602248	1082220	1847534	141304	10927
中型	1788254	793086	611484	103708	18101
小型	2084356	935142	822885	102286	22913
微型	276143	137624	105125	7892	2416
二、按国民经济行业分					
农、林、牧、渔业	13834	5624	6113	1169	84
农业	2157	949	744	295	0
林业	1008	849	77	54	0
畜牧业	4794	903	2966	685	0
渔业	911	322	505	75	0
农、林、牧、渔专业及辅助性活动	4965	2600	1821	60	84
采矿业	148914	39086	68652	5311	332
煤炭开采和洗选业	462	389	73	0	0
石油和天然气开采业	95532	17590	51423	1597	1
非金属矿采选业	14389	5605	6630	1183	0
开采专业及辅助活动与其他采矿业	38531	15502	10526	2531	331
制造业	4263310	1462486	2003195	222874	34568
农副食品加工业	26183	10275	13284	1426	6
食品制造业	34144	11422	18265	1907	6
酒、饮料和精制茶制造业	5418	1700	2959	187	0
纺织业	9750	4238	4275	619	0
纺织服装、服饰业	1515	1056	402	27	1
皮革、毛皮、羽毛及其制品和制鞋业	2757	1214	1375	145	0
木材加工和木、竹、藤、棕、草制品业	5916	1707	3829	263	0
家具制造业	20489	12189	6498	701	19
造纸和纸制品业	44732	13435	29094	1593	0
印刷和记录媒介复制业	20136	8678	9086	1557	352
文教、工美、体育和娱乐用品制造业	11651	6282	4266	376	41
石油、煤炭及其他燃料加工业	18383	5906	9564	1119	1
化学原料和化学制品制造业	304533	90576	171453	19747	3214
医药制造业	315594	112948	78893	21777	2255
化学纤维制造业	493	300	110	15	28
橡胶和塑料制品业	100096	37264	53729	6150	138
非金属矿物制品业	92411	30392	52106	6770	5
黑色金属冶炼和压延加工业	453168	55866	378049	14405	43
有色金属冶炼和压延加工业	75985	10061	62880	2161	193

开发活动经费情况（2023年）

单位：万元

设计费用	装备调试费用与试验费用	委托外部研究开发费用	其他费用	当年形成用于研究开发的固定资产	#仪器和设备
55967	**120335**	**591116**	**238936**	**357930**	**301582**
15875	43945	343041	117404	182552	149095
20744	42512	133008	65611	91997	74856
16193	32435	101283	51219	82023	76519
3156	1442	13784	4702	1358	1112
91	**103**	**70**	**580**	**5**	**5**
91	10	12	57	0	0
0	0	0	27	0	0
0	92	0	147	0	0
0	0	0	8	0	0
0	0	58	341	5	5
1296	**2549**	**13148**	**18541**	**10823**	**10823**
0	0	0	0	0	0
1	2285	5382	17252	5040	5040
428	0	290	254	0	0
867	264	7476	1035	5783	5783
37701	**82509**	**292955**	**127023**	**245333**	**190919**
0	34	6	1154	594	590
32	105	1019	1389	579	419
246	53	206	67	7	7
1	1	41	576	126	126
0	14	0	14	0	0
0	1	8	14	11	11
4	53	3	58	152	152
74	170	616	222	7287	7235
141	27	75	367	151	151
105	74	0	285	126	117
19	470	12	186	779	726
246	515	804	227	5483	9
356	5689	5173	8325	32703	19311
1461	44916	29324	24021	26074	18826
0	2	0	38	22	22
435	378	530	1473	3261	3157
293	961	180	1705	1620	1311
50	654	44	4058	10557	9742
2	8	62	617	650	649

项　目	研究开发费用合计	人员人工费用	直接投入费用	折旧费用与长期待摊费用	无形资产摊销费用
金属制品业	266548	65053	181382	14083	658
通用设备制造业	319800	151976	130804	14642	1322
专用设备制造业	410039	207429	136319	17750	5971
汽车制造业	239488	107638	85164	18633	767
铁路、船舶、航空航天和其他运输设备制造业	209611	72088	87084	9587	731
电气机械和器材制造业	385687	131292	213291	11434	1062
计算机、通信和其他电子设备制造业	742624	239300	222346	49480	16302
仪器仪表制造业	89552	49064	18865	2161	1428
其他制造业	40987	13734	22897	3326	13
废弃资源综合利用业	3228	1035	1560	398	11
金属制品、机械和设备修理业	12391	8369	3366	437	0
电力、热力、燃气及水生产和供应业	**116543**	**45319**	**52961**	**11684**	**275**
电力、热力生产和供应业	91596	31887	46938	6824	148
燃气生产和供应业	13563	5810	3235	4111	120
水的生产和供应业	11383	7621	2788	749	7
建筑业	**1140776**	**228542**	**853003**	**18566**	**453**
房屋建筑业	365607	55704	303307	2116	16
土木工程建筑业	703000	138580	514013	15844	411
建筑安装业	59014	27873	29503	303	6
建筑装饰、装修和其他建筑业	13155	6385	6181	302	21
批发和零售业	**14050**	**7436**	**4429**	**984**	**154**
批发业	13386	7049	4251	982	154
零售业	664	387	178	2	0
交通运输、仓储和邮政业	**28859**	**15903**	**7806**	**4458**	**55**
铁路运输业	436	90	96	251	0
道路运输业	10140	5828	2801	1288	0
水上运输业	3573	2611	887	50	0
航空运输业和管道运输业	420	338	62	1	0
多式联运和运输代理业	6492	1527	2618	2129	0
装卸搬运和仓储业与邮政业	7797	5511	1341	741	55
信息传输、软件和信息技术服务业	**886153**	**585302**	**113942**	**21186**	**12880**
电信、广播电视和卫星传输服务	19305	9798	5061	612	0
互联网和相关服务	107389	66857	23203	4266	400
软件和信息技术服务业	759459	508646	85679	16307	12480
金融业与房地产业	**522**	**514**	**8**	**0**	**0**
租赁和商务服务业	**5817**	**2341**	**2707**	**187**	**107**
租赁业	822	621	133	9	0
商务服务业	4995	1720	2574	178	107

续表

设计费用	装备调试费用与试验费用	委托外部研究开发费用	其他费用	当年形成用于研究开发的固定资产	#仪器和设备
960	1132	668	2612	8730	8510
1732	2872	4999	11452	10854	10271
12276	5763	9275	15258	33432	29139
1845	6629	14030	4781	14465	5293
7818	1107	20485	10710	15261	5770
2153	3092	10456	12907	15159	14396
604	7249	185522	21819	52836	52431
6793	391	8938	1911	1894	1781
34	73	480	432	1993	246
11	73	0	140	490	486
11	5	0	204	36	36
2	1609	2661	2033	1298	1264
2	1607	2515	1674	1285	1251
0	0	0	287	0	0
0	2	146	71	13	13
3334	2595	16478	17805	7927	7832
1229	83	281	2870	4158	4135
1830	2414	15749	14160	3192	3126
273	86	426	544	572	572
3	12	22	231	5	0
162	66	453	366	17	16
121	66	421	343	17	16
41	0	33	23	0	0
109	46	120	362	652	561
0	0	0	0	0	0
38	0	77	107	619	528
0	0	0	25	0	0
1	0	8	11	0	0
15	46	35	123	0	0
55	0	0	96	33	33
9513	10882	95863	36586	23327	22860
352	1617	538	1327	0	0
368	22	9547	2726	574	574
8793	9243	85778	32533	22754	22287
0	0	0	0	0	0
6	4	295	169	3	3
0	0	0	58	3	3
6	4	295	111	0	0

项　目	研究开发费用合计	人员人工费用	直接投入费用	折旧费用与长期待摊费用	无形资产摊销费用
科学研究和技术服务业	**1069527**	**526656**	**257808**	**66983**	**5165**
研究和试验发展	188427	90120	49782	13179	1067
专业技术服务业	772412	375452	171972	49759	3587
科技推广和应用服务业	108688	61084	36053	4046	512
水利、环境和公共设施管理业	**29184**	**15796**	**8031**	**1216**	**210**
水利管理业	874	736	118	12	0
生态保护和环境治理业	23152	12656	5764	839	210
公共设施管理业	5158	2404	2150	366	0
居民服务、修理和其他服务业	**3084**	**1810**	**1009**	**59**	**0**
居民服务业	513	248	223	29	0
机动车、电子产品和日用产品修理业	44	44	0	0	0
其他服务业	2528	1518	787	29	0
教育	**8842**	**1483**	**0**	**0**	**0**
卫生和社会工作	**5334**	**1789**	**2909**	**507**	**36**
文化、体育和娱乐业	**16254**	**7986**	**4454**	**7**	**39**
广播、电视、电影和录音制作业	11601	7379	4182	7	0
文化艺术业	4612	566	273	0	39
体育与娱乐业	41	41	0	0	0
三、按行政区划分					
和平区	51256	32413	15310	668	151
河东区	101812	48984	41055	1669	95
河西区	200207	98690	73493	3991	299
南开区	181604	104916	53684	5644	1145
河北区	43144	17864	21819	488	170
红桥区	75602	34249	19964	1974	51
东丽区	394287	117641	232536	21255	1846
西青区	384742	164632	148616	27389	1353
津南区	261756	96257	135474	11607	1102
北辰区	444888	171939	187579	20421	4703
武清区	495586	200280	210264	17823	2252
宝坻区	159807	55569	83554	7696	78
滨海新区	4415971	1671862	1806231	208959	40905
# 开发区	1170953	468821	448224	50416	15426
保税区	1278288	374712	646758	60860	7330
高新区	1360897	585831	413534	73409	17513
宁河区	163692	24026	133512	3970	21
静海区	341528	94671	206647	19937	187
蓟州区	35120	14078	17288	1700	0

续表

设计费用	装备调试费用与试验费用	委托外部研究开发费用	其他费用	当年形成用于研究开发的固定资产	# 仪器和设备
1793	**19187**	**157862**	**34072**	**64813**	**63568**
913	9357	17053	6956	21013	20363
526	9193	137148	24775	41879	41322
354	637	3661	2341	1920	1883
420	**785**	**1861**	**865**	**3733**	**3731**
0	0	0	8	0	0
402	785	1861	635	3733	3731
18	0	0	221	0	0
112	**0**	**39**	**56**	**0**	**0**
0	0	0	12	0	0
0	0	0	0	0	0
112	0	39	43	0	0
0	**0**	**7005**	**354**	**0**	**0**
0	**0**	**0**	**93**	**0**	**0**
1427	**0**	**2307**	**32**	**0**	**0**
0	0	6	28	0	0
1427	0	2302	4	0	0
0	0	0	0	0	0
1194	309	757	454	157	157
18	375	8056	1558	847	593
1192	279	14607	7657	6127	6098
872	450	10438	4456	3342	2841
317	123	1664	698	697	694
6215	141	11308	1701	8217	7807
570	4111	8775	7553	20709	14303
673	9651	22128	10299	17668	16921
8228	771	2672	5645	21460	20320
4895	21243	9207	24902	22271	17928
8024	11112	31974	13857	13818	13613
1627	1106	7194	2981	9903	5400
18299	68096	454971	146647	203448	174803
6364	23215	105495	52991	90630	64165
5385	11637	139242	32364	23391	22446
4038	25281	190698	50594	82817	82103
65	226	886	986	1441	1398
3473	1686	5887	9040	27131	18012
305	655	591	501	695	694

表 8-5 国家高新技术企业科技项目情况（2023年）

项　　目	项目数（项）	参加项目人员（人）	项目人员折合全时当量（人年）	项目经费内部支出（万元）
合　计	63381	427157	169537	7558496
一、按企业规模分				
大型	10474	124299	55365	3534042
中型	7761	81857	35539	1726706
小型	28467	174425	63151	2031052
微型	16679	46576	15482	266695
二、按国民经济行业分				0
农、林、牧、渔业	233	1298	550	13775
农业	63	289	109	2157
林业	15	64	28	1008
畜牧业	44	232	115	4794
渔业	31	101	38	911
农、林、牧、渔专业及辅助性活动	80	612	259	4906
采矿业	927	8676	2413	147785
煤炭开采和洗选业	6	45	34	462
石油和天然气开采业	585	4710	1163	94897
非金属矿采选业	86	469	399	14389
开采专业及辅助活动与其他采矿业	250	3452	817	38037
制造业	32632	234567	92149	4180820
农副食品加工业	252	1352	771	26182
食品制造业	512	3811	1158	33667
酒、饮料和精制茶制造业	48	232	133	5418
纺织业	199	1225	511	9743
纺织服装、服饰业	45	220	95	1514
皮革、毛皮、羽毛及其制品和制鞋业	50	415	170	2754
木材加工和木、竹、藤、棕、草制品业	113	510	192	5906
家具制造业	221	2502	1050	19848
造纸和纸制品业	410	2968	1043	44720
印刷和记录媒介复制业	293	2066	802	20131
文教、工美、体育和娱乐用品制造业	250	1510	675	11646
石油、煤炭及其他燃料加工业	156	794	465	18340
化学原料和化学制品制造业	1782	11662	4994	301907
医药制造业	1520	11329	6026	303791
化学纤维制造业	32	63	44	493
橡胶和塑料制品业	1596	10881	3416	99738
非金属矿物制品业	931	6155	2463	92363
黑色金属冶炼和压延加工业	924	8449	4902	453149
有色金属冶炼和压延加工业	335	2230	993	75945

续表

项 目	项目数（项）	参加项目人员（人）	项目人员折合全时当量（人年）	项目经费内部支出（万元）
金属制品业	2476	14154	5570	266063
通用设备制造业	5382	29823	10606	316558
专用设备制造业	4679	29185	10779	407006
汽车制造业	1469	12909	6046	230209
铁路、船舶、航空航天和其他运输设备制造业	1295	14520	5694	203590
电气机械和器材制造业	2753	21160	7141	369911
计算机、通信和其他电子设备制造业	2128	29894	11077	714535
仪器仪表制造业	2038	10265	3798	89128
其他制造业	419	2765	912	40963
废弃资源综合利用业	42	209	58	3228
金属制品、机械和设备修理业	282	1309	567	12373
电力、热力、燃气及水生产和供应业	**507**	**4266**	**2125**	**115862**
电力、热力生产和供应业	343	2890	1394	90953
燃气生产和供应业	38	470	320	13563
水的生产和供应业	126	906	411	11346
建筑业	**4470**	**31823**	**14377**	**1129800**
房屋建筑业	1501	10694	3839	365210
土木工程建筑业	2235	16864	8383	692812
建筑安装业	539	3369	1777	58625
建筑装饰、装修和其他建筑业	195	896	378	13152
批发和零售业	**453**	**2225**	**747**	**13877**
批发业	419	2136	715	13213
零售业	34	89	32	664
交通运输、仓储和邮政业	**259**	**1755**	**844**	**28645**
铁路运输业	5	15	12	311
道路运输业	105	707	395	10063
水上运输业	46	259	110	3573
航空运输业和管道运输业	20	91	30	420
多式联运和运输代理业	26	149	75	6492
装卸搬运和仓储业与邮政业	57	534	223	7786
信息传输、软件和信息技术服务业	**9135**	**57157**	**25105**	**814790**
电信、广播电视和卫星传输服务	161	714	327	19302
互联网和相关服务	842	5452	2288	102168
软件和信息技术服务业	8132	50991	22490	693321
金融业与房地产业	**5**	**55**	**16**	**522**
租赁和商务服务业	**104**	**591**	**267**	**5752**
租赁业	19	166	40	815
商务服务业	85	425	227	4937

续表

项　目	项目数（项）	参加项目人员（人）	项目人员折合全时当量（人年）	项目经费内部支出（万元）
科学研究和技术服务业	**13704**	**79911**	**29016**	**1055093**
研究和试验发展	2823	14667	6051	185504
专业技术服务业	7342	50312	18267	762237
科技推广和应用服务业	3539	14932	4698	107353
水利、环境和公共设施管理业	**661**	**3220**	**1284**	**27274**
水利管理业	52	277	66	874
生态保护和环境治理业	561	2545	938	21262
公共设施管理业	48	398	279	5139
居民服务、修理和其他服务业	**120**	**502**	**193**	**3079**
居民服务业	16	167	84	513
机动车、电子产品和日用产品修理业	14	41	8	41
其他服务业	90	294	102	2525
教育	**17**	**96**	**33**	**1857**
卫生和社会工作	**55**	**306**	**142**	**5333**
文化、体育和娱乐业	**99**	**709**	**276**	**14231**
广播、电视、电影和录音制作业	51	539	219	11589
文化艺术业	41	157	51	2601
体育与娱乐业	7	13	6	41
三、按行政区划分				
和平区	823	4482	1821	50639
河东区	917	4982	2783	94502
河西区	1709	12200	4353	192710
南开区	2398	13984	5867	180745
河北区	535	3172	1179	42919
红桥区	618	3484	1932	73455
东丽区	3710	28644	9347	389798
西青区	4581	29167	10919	370819
津南区	3753	19607	6921	259501
北辰区	3768	24350	9972	441150
武清区	4499	30130	11560	467300
宝坻区	1900	12111	4971	154825
滨海新区	30319	214545	87250	4305994
# 开发区	7529	63578	24418	1139306
保税区	5998	53710	22137	1265747
高新区	11710	67575	28693	1304192
宁河区	777	5040	2305	163445
静海区	2556	17048	7092	336122
蓟州区	518	4211	1266	34573

表 8-6 国家高新技术企业办科技机构情况（2023年）

项　目	机构数（个）	研究开发人员（人）	#博士	#硕士	机构研究开发费用（万元）
合　计	1841	78979	1320	14607	3303462
一、按企业规模分					
大型	231	34744	641	8285	1754740
中型	341	23198	363	4067	914007
小型	939	19746	297	2156	608364
微型	330	1291	19	99	26351
二、按国民经济行业分					
农、林、牧、渔业	13	142	2	5	2765
农业	1	35	0	0	216
林业	5	49	0	0	1007
畜牧业	2	28	0	0	1075
渔业	2	8	0	1	163
农、林、牧、渔专业及辅助性活动	3	22	2	4	305
采矿业	9	1001	22	175	47961
煤炭开采和洗选业	0	0	0	0	0
石油和天然气开采业	3	653	20	126	35158
非金属矿采选业	3	153	1	31	4961
开采专业及辅助活动与其他采矿业	3	195	1	18	7843
制造业	1211	49660	613	7366	2143004
农副食品加工业	19	490	8	53	11882
食品制造业	20	597	18	48	14998
酒、饮料和精制茶制造业	1	15	0	1	245
纺织业	7	147	0	4	3755
纺织服装、服饰业	1	3	0	0	49
皮革、毛皮、羽毛及其制品和制鞋业	3	154	0	0	1475
木材加工和木、竹、藤、棕、草制品业	4	29	0	1	1134
家具制造业	7	742	0	11	11943
造纸和纸制品业	17	504	1	9	28841
印刷和记录媒介复制业	9	319	2	5	5927
文教、工美、体育和娱乐用品制造业	11	254	2	15	4642
石油、煤炭及其他燃料加工业	3	136	0	3	5810
化学原料和化学制品制造业	92	3352	99	629	168373
医药制造业	64	3536	116	926	149453
化学纤维制造业	1	17	0	0	112
橡胶和塑料制品业	61	1804	7	103	51146
非金属矿物制品业	44	1603	17	90	45884
黑色金属冶炼和压延加工业	37	2341	3	107	177645
有色金属冶炼和压延加工业	21	600	11	70	24364

续表

项　目	机构数（个）	研究开发人员（人）	#博士	#硕士	机构研究开发费用（万元）
金属制品业	112	2852	8	76	131928
通用设备制造业	172	4586	29	417	126693
专用设备制造业	170	5392	76	1114	200077
汽车制造业	66	3146	24	217	119842
铁路、船舶、航空航天和其他运输设备制造业	48	2599	10	509	88165
电气机械和器材制造业	96	4586	79	1010	222138
计算机、通信和其他电子设备制造业	69	8553	81	1769	502035
仪器仪表制造业	41	821	20	111	14240
其他制造业	8	328	2	66	27477
废弃资源综合利用业	2	9	0	0	103
金属制品、机械和设备修理业	5	145	0	2	2630
电力、热力、燃气及水生产和供应业	9	522	4	41	23860
电力、热力生产和供应业	5	231	3	28	13302
燃气生产和供应业	2	270	0	11	9945
水的生产和供应业	2	21	1	2	613
建筑业	90	8506	44	565	394013
房屋建筑业	21	1769	25	192	123820
土木工程建筑业	55	5649	18	348	232954
建筑安装业	10	1053	1	24	35328
建筑装饰、装修和其他建筑业	4	35	0	1	1911
批发和零售业	7	315	0	13	5060
批发业	5	299	0	10	4840
零售业	2	16	0	3	220
交通运输、仓储和邮政业	12	337	5	22	11565
铁路运输业	0	0	0	0	0
道路运输业	4	124	0	2	4417
水上运输业	1	16	0	0	429
航空运输业和管道运输业	2	18	0	4	199
多式联运和运输代理业	2	39	0	12	4876
装卸搬运和仓储业与邮政业	3	140	5	4	1643
信息传输、软件和信息技术服务业	168	5515	42	979	174193
电信、广播电视和卫星传输服务	1	19	0	0	419
互联网和相关服务	9	250	0	15	4190
软件和信息技术服务业	158	5246	42	964	169584
金融业与房地产业	0	0	0	0	0
租赁和商务服务业	0	0	0	0	0
租赁业	0	0	0	0	0
商务服务业	0	0	0	0	0

续表

项　目	机构数（个）	研究开发人员（人）	#博士	#硕士	机构研究开发费用（万元）
科学研究和技术服务业	**305**	**12502**	**572**	**5342**	**477280**
研究和试验发展	55	2511	81	1020	92846
专业技术服务业	185	9402	439	4161	371760
科技推广和应用服务业	65	589	52	161	12674
水利、环境和公共设施管理业	**12**	**235**	**9**	**31**	**7050**
水利管理业	0	0	0	0	0
生态保护和环境治理业	11	220	9	31	6506
公共设施管理业	1	15	0	0	544
居民服务、修理和其他服务业	**0**	**0**	**0**	**0**	**0**
居民服务业	0	0	0	0	0
机动车、电子产品和日用产品修理业	0	0	0	0	0
其他服务业	0	0	0	0	0
教育	**0**	**0**	**0**	**0**	**0**
卫生和社会工作	**2**	**58**	**7**	**43**	**3269**
文化、体育和娱乐业	**3**	**186**	**0**	**25**	**13441**
广播、电视、电影和录音制作业	2	175	0	25	10902
文化艺术业	1	11	0	0	2539
体育与娱乐业	0	0	0	0	0
三、按行政区划分					
和平区	23	477	19	152	10258
河东区	20	1572	9	196	63701
河西区	55	2482	63	785	73716
南开区	40	1444	28	285	49818
河北区	13	562	0	46	9655
红桥区	9	905	33	158	34561
东丽区	107	4373	176	1039	149519
西青区	147	4920	50	880	190841
津南区	111	2319	40	389	123956
北辰区	135	6708	151	1416	279342
武清区	139	4516	48	427	169925
宝坻区	111	3008	17	177	103393
滨海新区	744	39938	665	8497	1861876
#开发区	235	12651	207	2278	554721
保税区	140	10442	180	2481	477756
高新区	218	12482	233	3352	667815
宁河区	28	995	1	12	39167
静海区	130	4033	16	125	126319
蓟州区	29	727	4	23	17414

表 8-7 国家高新技术企业自主知识产权及相关情况（2023 年）

项 目	专利申请数（件）	专利授权数（件）	有效发明专利数（件）	专利所有权转让及许可数（项）	专利所有权转让及许可收入（万元）	发表科技论文（篇）	拥有注册商标数（件）	形成国家或行业标准数（项）
合 计	45673	35759	38671	1396	65955	7400	36075	536
一、按企业规模分								
大型	9325	6387	11417	198	46635	4490	4188	160
中型	8151	6104	10167	256	2543	1893	7078	232
小型	19419	15533	13609	709	16090	961	18985	131
微型	8778	7735	3478	233	688	56	5824	13
二、按国民经济行业分								
农、林、牧、渔业	158	149	137	0	0	17	532	0
农业	31	41	18	0	0	0	159	0
林业	10	14	10	0	0	1	7	0
畜牧业	31	21	13	0	0	3	90	0
渔业	33	23	4	0	0	0	64	0
农、林、牧、渔专业及辅助性活动	53	50	92	0	0	13	212	0
采矿业	618	225	805	0	0	392	165	7
煤炭开采和洗选业	20	36	8	0	0	0	0	0
石油和天然气开采业	427	69	638	0	0	256	47	6
非金属矿采选业	49	33	39	0	0	22	110	1
开采专业及辅助活动与其他采矿业	122	87	120	0	0	114	8	0
制造业	26888	21585	22865	961	27328	1616	24211	274
农副食品加工业	198	157	112	6	0	17	664	0
食品制造业	304	144	208	9	464	19	1884	3
酒、饮料和精制茶制造业	44	42	16	0	0	0	176	0
纺织业	177	120	83	0	0	0	82	1
纺织服装、服饰业	42	13	34	0	0	0	89	0
皮革、毛皮、羽毛及其制品和制鞋业	16	3	11	0	0	0	53	0
木材加工和木、竹、藤、棕、草制品业	89	88	40	0	0	0	47	9
家具制造业	156	128	29	0	0	0	335	0
造纸和纸制品业	268	191	105	6	0	1	568	1
印刷和记录媒介复制业	234	141	51	0	0	1	40	0
文教、工美、体育和娱乐用品制造业	191	186	101	15	0	2	482	0
石油、煤炭及其他燃料加工业	108	154	195	0	0	4	278	1
化学原料和化学制品制造业	1211	1049	2214	56	2127	149	3326	68
医药制造业	717	605	2181	49	12528	235	3121	40
化学纤维制造业	18	25	17	0	0	1	16	1
橡胶和塑料制品业	1124	1019	532	39	0	38	641	5
非金属矿物制品业	828	659	472	3	0	22	478	5
黑色金属冶炼和压延加工业	735	579	389	5	300	71	432	3
有色金属冶炼和压延加工业	325	240	246	0	0	28	81	17

续表

项　目	专利申请数（件）	专利授权数（件）	有效发明专利数（件）	专利所有权转让及许可数（项）	专利所有权转让及许可收入（万元）	发表科技论文（篇）	拥有注册商标数（件）	形成国家或行业标准数（项）
金属制品业	1857	1566	735	57	0	58	1054	2
通用设备制造业	3860	3446	2203	180	9913	113	2337	45
专用设备制造业	3942	3064	3558	221	837	141	3245	14
汽车制造业	1413	1094	688	69	0	6	596	6
铁路、船舶、航空航天和其他运输设备制造业	1852	1355	1224	15	0	138	880	1
电气机械和器材制造业	2531	1857	1739	104	0	196	1000	19
计算机、通信和其他电子设备制造业	2290	1616	3403	40	0	243	1204	27
仪器仪表制造业	1706	1519	2075	85	1159	116	707	2
其他制造业	332	275	131	0	0	16	208	4
废弃资源综合利用业	137	77	11	2	0	0	10	0
金属制品、机械和设备修理业	183	173	62	0	0	1	177	0
电力、热力、燃气及水生产和供应业	**509**	**386**	**179**	**1**	**0**	**123**	**139**	**3**
电力、热力生产和供应业	390	278	135	0	0	121	118	3
燃气生产和供应业	62	40	2	1	0	1	6	0
水的生产和供应业	57	68	42	0	0	1	15	0
建筑业	**3876**	**2944**	**1796**	**20**	**0**	**986**	**432**	**22**
房屋建筑业	1642	1011	559	11	0	416	92	6
土木工程建筑业	1716	1442	1069	9	0	505	124	14
建筑安装业	374	383	140	0	0	49	130	2
建筑装饰、装修和其他建筑业	144	108	28	0	0	16	86	0
批发和零售业	**567**	**362**	**442**	**12**	**18**	**13**	**383**	**4**
批发业	533	339	383	12	18	13	82	4
零售业	34	23	59	0	0	0	301	0
交通运输、仓储和邮政业	**133**	**170**	**87**	**0**	**0**	**10**	**114**	**1**
铁路运输业	0	0	0	0	0	0	0	0
道路运输业	66	66	27	0	0	10	83	1
水上运输业	12	4	5	0	0	0	0	0
航空运输业和管道运输业	32	16	9	0	0	0	13	0
多式联运和运输代理业	7	6	8	0	0	0	0	0
装卸搬运和仓储业与邮政业	16	78	38	0	0	0	18	0
信息传输、软件和信息技术服务业	**3371**	**2484**	**4260**	**63**	**1**	**157**	**5820**	**20**
电信、广播电视和卫星传输服务	73	60	98	0	0	0	13	0
互联网和相关服务	275	189	586	4	0	0	585	3
软件和信息技术服务业	3023	2235	3576	59	1	157	5222	17
金融业与房地产业	**0**	**0**	**0**	**0**	**0**	**0**	**14**	**0**
租赁和商务服务业	**52**	**35**	**34**	**0**	**0**	**8**	**58**	**0**
租赁业	13	6	18	0	0	0	36	0
商务服务业	39	29	16	0	0	8	22	0
科学研究和技术服务业	**8741**	**6883**	**7727**	**321**	**38024**	**4045**	**3174**	**200**
研究和试验发展	1733	1253	2111	130	3649	697	825	45

续表

项目	专利申请数（件）	专利授权数（件）	有效发明专利数（件）	专利所有权转让及许可数（项）	专利所有权转让及许可收入（万元）	发表科技论文（篇）	拥有注册商标数（件）	形成国家或行业标准数（项）
专业技术服务业	4771	3792	4449	83	34375	3249	1222	146
科技推广和应用服务业	2237	1838	1167	108	1	99	1127	9
水利、环境和公共设施管理业	610	472	258	1	584	24	179	4
水利管理业	42	25	10	0	0	0	9	0
生态保护和环境治理业	550	430	246	1	584	24	131	4
公共设施管理业	18	17	2	0	0	0	39	0
居民服务、修理和其他服务业	61	22	21	14	0	0	23	0
居民服务业	3	4	0	0	0	0	0	0
机动车、电子产品和日用产品修理业	15	1	13	0	0	0	7	0
其他服务业	43	17	8	14	0	0	16	0
教育	15	13	4	0	0	0	320	0
卫生和社会工作	48	18	24	3	0	9	19	0
文化、体育和娱乐业	26	11	32	0	0	0	492	1
广播、电视、电影和录音制作业	18	7	21	0	0	0	355	1
文化艺术业	8	4	11	0	0	0	110	0
体育与娱乐业	0	0	0	0	0	0	27	0
三、按行政区划分					0			
和平区	305	277	282	12	0	204	153	3
河东区	436	383	385	0	0	125	106	11
河西区	1163	934	896	4	102	709	402	31
南开区	1434	995	1463	70	5359	655	1952	30
河北区	286	295	240	0	0	48	213	1
红桥区	830	688	1680	4	8	195	803	54
东丽区	2632	2076	2524	99	394	563	1110	35
西青区	3673	2858	1896	29	7	113	3455	25
津南区	2761	2145	1253	61	0	116	1598	6
北辰区	2750	2208	3324	146	41611	312	1912	40
武清区	3732	2977	1975	24	0	207	2754	20
宝坻区	1569	1255	653	46	0	43	1776	20
滨海新区	21092	16135	21065	820	17710	4013	17303	245
#开发区	5359	3925	6473	144	4778	969	4678	66
保税区	4824	3671	5024	188	9966	1408	3176	67
高新区	7463	5683	7416	400	2907	967	6447	79
宁河区	638	576	208	11	0	41	587	1
静海区	1927	1602	613	43	300	28	1747	11
蓟州区	445	355	214	27	464	28	204	3

表 8-8 国家高新技术企业政府相关政策落实情况（2023 年）

单位：万元

项目	享受高新技术企业所得税减免	研发加计扣除所得税减免	技术转让所得税减免
合计	594878	460278	2338
一、按企业规模分			
大型	278714	207570	0
中型	177575	107120	1261
小型	132560	122324	1045
微型	6029	23263	32
二、按国民经济行业分			
农、林、牧、渔业	390	219	0
农业	39	0	0
林业	165	151	0
畜牧业	148	3	0
渔业	3	44	0
农、林、牧、渔专业及辅助性活动	35	21	0
采矿业	2371	5410	0
煤炭开采和洗选业	438	304	0
石油和天然气开采业	207	160	0
非金属矿采选业	0	1759	0
开采专业及辅助活动与其他采矿业	1726	3187	0
制造业	340310	273140	983
农副食品加工业	8342	992	595
食品制造业	3118	3183	0
酒、饮料和精制茶制造业	2182	424	0
纺织业	2251	617	0
纺织服装、服饰业	161	79	0
皮革、毛皮、羽毛及其制品和制鞋业	91	90	0
木材加工和木、竹、藤、棕、草制品业	23	20	0
家具制造业	1664	649	0
造纸和纸制品业	1998	809	0
印刷和记录媒介复制业	1420	1355	0
文教、工美、体育和娱乐用品制造业	1054	639	0
石油、煤炭及其他燃料加工业	61	447	0
化学原料和化学制品制造业	23829	17278	0
医药制造业	41287	35353	188
化学纤维制造业	0	14	0
橡胶和塑料制品业	13690	8360	0
非金属矿物制品业	9025	6080	0
黑色金属冶炼和压延加工业	5432	4822	0
有色金属冶炼和压延加工业	732	8286	0
金属制品业	8539	7243	0

续表

项　目	享受高新技术企业所得税减免	研发加计扣除所得税减免	技术转让所得税减免
通用设备制造业	30681	20260	0
专用设备制造业	49742	39169	5
汽车制造业	24441	17737	0
铁路、船舶、航空航天和其他运输设备制造业	16190	28877	0
电气机械和器材制造业	40905	18621	195
计算机、通信和其他电子设备制造业	44394	44252	0
仪器仪表制造业	5874	5453	0
其他制造业	1728	1034	0
废弃资源综合利用业	38	155	0
金属制品、机械和设备修理业	1418	844	0
电力、热力、燃气及水生产和供应业	**10763**	**4369**	**0**
电力、热力生产和供应业	5757	2434	0
燃气生产和供应业	1504	1494	0
水的生产和供应业	3502	442	0
建筑业	**56827**	**38025**	**0**
房屋建筑业	18342	8149	0
土木工程建筑业	36610	28166	0
建筑安装业	1498	1420	0
建筑装饰、装修和其他建筑业	377	291	0
批发和零售业	**133**	**3773**	**0**
批发业	132	3757	0
零售业	1	16	0
交通运输、仓储和邮政业	**1155**	**1617**	**0**
铁路运输业	0	0	0
道路运输业	94	780	0
水上运输业	791	224	0
航空运输业和管道运输业	0	0	0
多式联运和运输代理业	5	0	0
装卸搬运和仓储业与邮政业	265	613	0
信息传输、软件和信息技术服务业	**39229**	**47656**	**570**
电信、广播电视和卫星传输服务	1332	5706	0
互联网和相关服务	2270	3395	366
软件和信息技术服务业	35627	38555	204
金融业与房地产业	**0**	**0**	**0**
租赁和商务服务业	**1261**	**453**	**293**
租赁业	0	0	0
商务服务业	1261	452	293
科学研究和技术服务业	**135236**	**77621**	**492**
研究和试验发展	3026	7185	478

续表

项 目	享受高新技术企业所得税减免	研发加计扣除所得税减免	技术转让所得税减免
专业技术服务业	126295	47639	0
科技推广和应用服务业	5915	22797	15
水利、环境和公共设施管理业	**3745**	**3591**	**0**
水利管理业	1	0	0
生态保护和环境治理业	3616	3436	0
公共设施管理业	128	155	0
居民服务、修理和其他服务业	**101**	**356**	**0**
居民服务业	35	0	0
机动车、电子产品和日用产品修理业	0	0	0
其他服务业	66	356	0
教育	**410**	**478**	**0**
卫生和社会工作	**163**	**754**	**0**
文化、体育和娱乐业	**2785**	**2816**	**0**
广播、电视、电影和录音制作业	1428	2300	0
文化艺术业	1357	516	0
体育与娱乐业	0	0	0
三、按行政区划分			
和平区	3679	3780	0
河东区	4542	4283	0
河西区	13616	11725	2
南开区	33296	24295	124
河北区	2797	2570	0
红桥区	4443	4520	0
东丽区	21682	14853	106
西青区	40077	33137	372
津南区	13424	12926	0
北辰区	53707	35997	0
武清区	36797	46344	0
宝坻区	15154	12540	0
滨海新区	327551	239494	1540
# 开发区	92267	57857	595
保税区	68084	84882	374
高新区	124467	61895	392
宁河区	4804	3322	0
静海区	17001	8494	0
蓟州区	2311	2000	195

表 8-9 国家高新技术企业技术获取和技术改造情况（2023年）

单位：万元

项　目	技术改造经费支出	引进境外技术经费支出	引进境外技术的消化吸收经费支出	购买境内技术经费支出
合　计	**106931**	**28391**	**0**	**23469**
一、按企业规模分				
大型	40340	19815	0	10987
中型	20444	57	0	4086
小型	45671	8519	0	8349
微型	476	0	0	47
二、按国民经济行业分				
农、林、牧、渔业	**0**	**0**	**0**	**0**
农业	0	0	0	0
林业	0	0	0	0
畜牧业	0	0	0	0
渔业	0	0	0	0
农、林、牧、渔专业及辅助性活动	0	0	0	0
采矿业	**1085**	**0**	**0**	**0**
煤炭开采和洗选业	0	0	0	0
石油和天然气开采业	25	0	0	0
非金属矿采选业	1060	0	0	0
开采专业及辅助活动与其他采矿业	0	0	0	0
制造业	**86425**	**20015**	**0**	**12951**
农副食品加工业	3	0	0	0
食品制造业	322	0	0	42
酒、饮料和精制茶制造业	0	0	0	0
纺织业	0	0	0	0
纺织服装、服饰业	0	0	0	0
皮革、毛皮、羽毛及其制品和制鞋业	0	0	0	0
木材加工和木、竹、藤、棕、草制品业	0	0	0	0
家具制造业	120	0	0	0
造纸和纸制品业	0	0	0	0
印刷和记录媒介复制业	688	0	0	0
文教、工美、体育和娱乐用品制造业	150	0	0	0
石油、煤炭及其他燃料加工业	0	0	0	0
化学原料和化学制品制造业	20950	0	0	3272
医药制造业	3506	0	0	1540
化学纤维制造业	0	0	0	0
橡胶和塑料制品业	2987	0	0	3
非金属矿物制品业	460	0	0	102
黑色金属冶炼和压延加工业	22459	0	0	7505
有色金属冶炼和压延加工业	1930	0	0	21
金属制品业	7102	0	0	12

续表

项　目	技术改造经费支出	引进境外技术经费支出	引进境外技术的消化吸收经费支出	购买境内技术经费支出
通用设备制造业	9880	19958	0	11
专用设备制造业	1081	57	0	222
汽车制造业	10695	0	0	0
铁路、船舶、航空航天和其他运输设备制造业	492	0	0	200
电气机械和器材制造业	1081	0	0	19
计算机、通信和其他电子设备制造业	1645	0	0	0
仪器仪表制造业	404	0	0	0
其他制造业	471	0	0	0
废弃资源综合利用业	0	0	0	0
金属制品、机械和设备修理业	0	0	0	0
电力、热力、燃气及水生产和供应业	**14364**	**8372**	**0**	**341**
电力、热力生产和供应业	14364	8372	0	341
燃气生产和供应业	0	0	0	0
水的生产和供应业	0	0	0	0
建筑业	**770**	**0**	**0**	**0**
房屋建筑业	364	0	0	0
土木工程建筑业	31	0	0	0
建筑安装业	375	0	0	0
建筑装饰、装修和其他建筑业	0	0	0	0
批发和零售业	**64**	**0**	**0**	**25**
批发业	64	0	0	25
零售业	0	0	0	0
交通运输、仓储和邮政业	**0**	**0**	**0**	**0**
铁路运输业	0	0	0	0
道路运输业	0	0	0	0
水上运输业	0	0	0	0
航空运输业和管道运输业	0	0	0	0
多式联运和运输代理业	0	0	0	0
装卸搬运和仓储业与邮政业	0	0	0	0
信息传输、软件和信息技术服务业	**1359**	**3**	**0**	**958**
电信、广播电视和卫星传输服务	0	0	0	0
互联网和相关服务	0	0	0	0
软件和信息技术服务业	1359	3	0	958
金融业与房地产业	**0**	**0**	**0**	**0**
租赁和商务服务业	**0**	**0**	**0**	**0**
租赁业	0	0	0	0
商务服务业	0	0	0	0
科学研究和技术服务业	**2865**	**0**	**0**	**2209**
研究和试验发展	227	0	0	30

续表

项 目	技术改造经费支出	引进境外技术经费支出	引进境外技术的消化吸收经费支出	购买境内技术经费支出
专业技术服务业	961	0	0	1866
科技推广和应用服务业	1676	0	0	313
水利、环境和公共设施管理业	**0**	**0**	**0**	**0**
水利管理业	0	0	0	0
生态保护和环境治理业	0	0	0	0
公共设施管理业	0	0	0	0
居民服务、修理和其他服务业	**0**	**0**	**0**	**0**
居民服务业	0	0	0	0
机动车、电子产品和日用产品修理业	0	0	0	0
其他服务业	0	0	0	0
教育	**0**	**0**	**0**	**6985**
卫生和社会工作	**0**	**0**	**0**	**0**
文化、体育和娱乐业	**0**	**0**	**0**	**0**
广播、电视、电影和录音制作业	0	0	0	0
文化艺术业	0	0	0	0
体育与娱乐业	0	0	0	0
三、按行政区划分				
和平区	1138	0	0	0
河东区	10	0	0	6985
河西区	5272	0	0	502
南开区	1619	0	0	25
河北区	507	0	0	0
红桥区	0	0	0	10
东丽区	7964	3	0	7831
西青区	11519	0	0	63
津南区	1531	0	0	12
北辰区	4171	0	0	1367
武清区	8137	19958	0	25
宝坻区	116	0	0	0
滨海新区	41603	8430	0	6646
#开发区	18409	8430	0	2629
保税区	18394	0	0	2002
高新区	1773	0	0	1927
宁河区	14957	0	0	3
静海区	7953	0	0	0
蓟州区	435	0	0	0

第九部分

附 录

国家工程研究中心（实验室）（14个）

序号	名称	依托单位
1	农药国家工程研究中心（天津）	南开大学
2	新型能源国家工程研究中心	中国电子科技集团公司第十八研究所
3	电气传动国家工程研究中心	天津电气传动设计研究中心
4	精馏技术国家工程研究中心	天津大学
5	重型技术装备国家工程研究中心	天津重型装备工程研究有限公司
6	水泥节能环保国家工程研究中心	天津市水泥设计工艺研究院
7	细胞产品国家工程研究中心	天津昂赛基因工程有限公司
8	生物饲料开发国家工程研究中心	天津博菲德科技有限公司
9	石化工业水处理国家工程实验室	中海油天津化工研究设计院
10	工业酶国家工程研究中心	中科院天津工业生物技术研究所
11	港口水工建筑技术国家工程研究中心	交通运输部天津水运工程科学研究所
12	计算机病毒防治技术国家工程研究中心	国家计算机防病毒应急处理中心
13	移动源污染排放控制技术国家工程实验室	中国汽车技术研究中心
14	城市轨道交通数字化建设与测评技术国家工程研究中心	中国铁路设计集团有限公司

国家级火炬计划平台和农业科技园区（19个）

序号	名称	序号	名称
1	天津陈塘工程设计特色产业基地	11	北辰高端装备制造创新型产业集群
2	天津空港经济区现代纺织特色产业基地	12	天津高新区新能源创新型产业集群
3	天津东丽节能装备特色产业基地	13	泰达高端医疗器械产业集群
4	天津西青信息安全特色产业基地	14	天津基于国产自主可控的信息安全产业集群
5	天津中北汽车特色产业基地	15	天津市细胞产业创新型产业集群
6	天津武清新金属材料特色产业基地	16	天津市滨海新区海洋工程装备创新型产业集群
7	天津京滨石油装备特色产业基地	17	天津津南国家农业科技园区
8	天津武清汽车零部件特色产业基地	18	天津滨海国家农业科技园区
9	天津京津电子商务特色产业基地	19	天津宝坻国家农业科技园区
10	天津宝坻经济开发区新能源电池及材料特色产业基地		

国家级科技企业孵化器（39个）

序号	名称	序号	名称
1	天津国际生物医药联合研究院科技企业孵化器	21	天津恩华科技企业孵化器
2	天津泰达中小企业园科技企业孵化器	22	天津创智天地科技企业孵化器
3	天津泰达数字产业园科技企业孵化器	23	天津四信数字经济科技企业孵化器
4	天津泰达国际创业中心	24	天津市科技创新发展中心
5	天津滨海中关村雨林空间科技企业孵化器	25	天津普天创达科技企业孵化器
6	天津航空产业科技企业孵化器	26	天津中关村e谷科技企业孵化器
7	天津港保税区创新创业中心	27	天津青创园科技企业孵化器
8	天津智汇谷人工智能产业科技企业孵化器	28	天津科丽泰科技企业孵化器
9	天津滨海高新区国际创业中心	29	天津中航大科技企业孵化器
10	天津海泰科技企业孵化器	30	清控科创（天津）科技企业孵化器
11	天津鑫茂科技企业孵化器	31	天津新华产业科技企业孵化器
12	天津华科科技企业孵化器	32	执信（天津）科技企业孵化器
13	天津海泰科创科技企业孵化器	33	天津凌奥科技企业孵化器
14	电科（天津）中天科技企业孵化器	34	天津赛达启航科技企业孵化器
15	天津生机科技企业孵化器	35	天津辰寰星谷科技企业孵化器
16	天津华鼎科技企业孵化器	36	天津京滨科技企业孵化器
17	天津智慧山科技企业孵化器	37	天津可信科技企业孵化器
18	启迪之星（天津·海洋园）科技企业孵化器	38	天津光彩圣火科技企业孵化器
19	天津国家动漫园Think Big科技企业孵化器	39	天津兴科百纳科技企业孵化器
20	天津帅超科技企业孵化器		

天津市市级科技企业孵化器（56个）

序号	名称	序号	名称
1	天津泰达产发天大科技园科技企业孵化器	29	天津鑫征程科技企业孵化器
2	天津中海海慧谷孵化器	30	天津环兴科技企业孵化器
3	天津同方科技园科技企业孵化器	31	天津通业科技企业孵化器
4	天津天保智谷科技企业孵化器	32	天津鑫恩华格调科技企业孵化器
5	天津临港汇创科技企业孵化器	33	天津万江科技企业孵化器
6	天津BIOINN生物技术科技企业孵化器	34	天津南开区博士创业园科技企业孵化器
7	天津中兴智慧产业科技企业孵化器	35	天津C92科技企业孵化器
8	天津海洋创新科技企业孵化器	36	天津天南大科技企业孵化器
9	天津航天空间技术科技企业孵化器	37	天津鑫叁零叁科技企业孵化器
10	天津海高融创科技企业孵化器	38	天津科大天工科技企业孵化器
11	天津众禾科技企业孵化器	39	天津滨航科技企业孵化器
12	天津高先科技企业孵化器	40	天津天创科技企业孵化器
13	天津滨海中关村（天津自创区）创新中心	41	天津奥中科技企业孵化器
14	天津浙大成均科技企业孵化器	42	天津青奥华阳科技企业孵化器
15	天津海星科技企业孵化器	43	天津福布思科技企业孵化器
16	天津启迪之星·福星IC孵化器	44	天津启迪协信科技企业孵化器
17	天津中રૂ先进院科技企业孵化器	45	天津锦联新经济产业科技企业孵化器
18	天津海量大数据重度科技企业孵化器	46	天津BE数创科技企业孵化器
19	启迪之星（天津·生态城）科技企业孵化器	47	天津紫光云云创科技企业孵化器
20	天津港博科技企业孵化器	48	天津南开大学津南研究院科技企业孵化器
21	天津1946创意产业园科技企业孵化器	49	天津北达科技企业孵化器
22	天津通广科技企业孵化器	50	天津WEME科技企业孵化器
23	天津医品汇科技企业孵化器	51	天津京津中关村科技企业孵化器
24	天津鑫帅领科技企业孵化器	52	天津东旺智能装备科技企业孵化器
25	天津妇女创业中心	53	天津北大智能制造科技企业孵化器
26	天津鑫创医疗器械科技企业孵化器	54	天津九园新能源科技企业孵化器
27	天津易创科技企业孵化器	55	天津恒兴科技企业孵化器
28	天津戈德科技企业孵化器	56	天津升泰睿农生物科技企业孵化器

天津市企业技术中心（738个）

序号	企业名称	序号	企业名称
1	天津七一二通信广播股份有限公司	37	天津凯发电气股份有限公司
2	天津瑞普生物技术股份有限公司	38	天津航天瑞莱科技有限公司
3	未来电视有限公司	39	天地伟业技术有限公司
4	曙光信息产业股份有限公司	40	中重科技（天津）股份有限公司
5	天津巴莫科技有限责任公司	41	天津立中车轮有限公司
6	天津力神电池股份有限公司	42	中交天津航道局有限公司
7	云账户技术（天津）有限公司	43	天津市政工程设计研究总院有限公司
8	中海油田服务股份有限公司	44	天津航空机电有限公司
9	中海油天津化工研究设计院有限公司	45	中铁第六勘察设计院集团有限公司
10	天津钢管制造有限公司	46	天津海鸥表业集团有限公司
11	天津钢铁集团有限公司	47	科迈化工股份有限公司
12	天津市金桥焊材集团股份有限公司	48	中国石油集团渤海钻探工程有限公司
13	中铁十八局集团有限公司	49	中国汽车技术研究中心有限公司
14	天津长荣科技集团股份有限公司	50	天津大桥焊材集团有限公司
15	天津国安盟固利新材料科技股份有限公司	51	天津银龙预应力材料股份有限公司
16	天津市新天钢中兴盛达有限公司	52	中冶天工集团有限公司
17	天津药业集团有限公司	53	天津市汉康医药生物技术有限公司
18	天津港（集团）有限公司	54	天津立林机械集团有限公司
19	海洋石油工程股份有限公司	55	华海清科股份有限公司
20	麒麟软件有限公司	56	天津久日新材料股份有限公司
21	天津电气科学研究院有限公司	57	天津港航工程有限公司
22	天津卓朗科技发展有限公司	58	天津市松正电动汽车技术股份有限公司
23	天津富士达集团有限公司	59	天津光电集团有限公司
24	中国天辰工程有限公司	60	天津赛象科技股份有限公司
25	丹佛斯（天津）有限公司	61	中国石油集团渤海石油装备制造有限公司
26	天津市天发重型水电设备制造有限公司	62	天津光电通信技术有限公司
27	天津渤海化工集团有限责任公司	63	天津膜天膜科技股份有限公司
28	津药达仁堂集团股份有限公司	64	中国汽车工业工程有限公司
29	凯莱英医药集团（天津）股份有限公司	65	天津力生制药股份有限公司
30	中交第一航务工程局有限公司	66	天津重型装备工程研究有限公司
31	中国铁路设计集团有限公司	67	天津市天锻压力机有限公司
32	天津铁路信号有限责任公司	68	天津市捷威动力工业有限公司
33	宜科（天津）电子有限公司	69	天津汽车模具股份有限公司
34	天津灯塔涂料有限公司	70	中材节能股份有限公司
35	天津天纺投资控股有限公司	71	天津红日药业股份有限公司
36	中法合营王朝葡萄酿酒有限公司	72	恒银金融科技股份有限公司

续表

序号	企业名称	序号	企业名称
73	中水北方勘测设计研究有限责任公司	110	中芯国际集成电路制造（天津）有限公司
74	TCL中环新能源科技股份有限公司	111	天津太平洋化学制药有限公司
75	天津药物研究院有限公司	112	天津博科林药品包装技术有限公司
76	天津水泥工业设计研究院有限公司	113	天津普天单向器有限公司
77	中国铁建大桥工程局集团有限公司	114	天津市既济电气控制设备有限公司
78	天津铁厂有限公司	115	天津市万达轮胎集团有限公司
79	中铁十八局集团建筑安装工程有限公司	116	天津市伟星新型建材有限公司
80	中铁六局集团天津铁路建设有限公司	117	天津天士力圣特制药有限公司
81	勤威（天津）工业有限公司	118	天津雅迪实业有限公司
82	赛诺医疗科学技术股份有限公司	119	天津诺禾致源生物信息科技有限公司
83	天津金耀药业有限公司	120	天津中和胶业股份有限公司
84	天津开发区先特网络系统有限公司	121	维克（天津）有限公司
85	天津莱尔德电子材料有限公司	122	天津荣盛盟固利新能源科技有限公司
86	天津立中轻合金锻造有限公司	123	天津现代天骄农业科技股份有限公司
87	天津南侨食品有限公司	124	天津现代天骄水产饲料股份有限公司
88	天津未名生物医药有限公司	125	中能（天津）智能传动设备有限公司
89	天津药明康德新药开发有限公司	126	天津华新盈聚酯材料科技有限公司
90	天津中能锂业有限公司	127	天津市食品研究所有限公司
91	五八同城信息技术有限公司	128	天津友发钢管集团股份有限公司
92	康希诺生物股份公司	129	多维绿建科技（天津）有限公司
93	深之蓝海洋科技股份有限公司	130	圣保路石油化工（天津）股份有限公司
94	天津雄邦压铸有限公司	131	天津维智精细化工有限公司
95	天津万峰环保科技有限公司	132	天津环球磁卡科技有限公司
96	合力（天津）能源科技股份有限公司	133	天津生物化学制药有限公司
97	中铁建设集团华北工程有限公司	134	天津嘉立荷牧业集团有限公司
98	天津成科传动机电技术股份有限公司	135	天津二建建筑工程有限公司
99	天津德力仪器设备有限公司	136	天津微纳芯科技有限公司
100	天津津荣天宇精密机械股份有限公司	137	天津鹏翎集团股份有限公司
101	天津绿茵景观生态建设股份有限公司	138	中国建筑第六工程局有限公司
102	天津三安光电有限公司	139	中交天航环保工程有限公司
103	协和干细胞基因工程有限公司	140	赛闻（天津）工业有限公司
104	天津九安医疗电子股份有限公司	141	天津博益气动股份有限公司
105	天津华津制药有限公司	142	天津津亚电子有限公司
106	天津海顺印业包装有限公司	143	天津科瑞达涂料化工有限公司
107	天津市渤海新能科技有限公司	144	天津利安隆新材料股份有限公司
108	天津有容蒂康通讯技术有限公司	145	天津市华恒包装材料有限公司
109	天津市飞乐汽车照明有限公司	146	天津市茂联科技有限公司

续表

序号	企业名称	序号	企业名称
147	中建二局第四建筑工程有限公司	184	天津达祥精密工业有限公司
148	中建六局建设发展有限公司	185	天津东义镁制品股份有限公司
149	中铁建工集团第三建设有限公司	186	天津南玻节能玻璃有限公司
150	天津一瑞生物科技股份有限公司	187	天津市金轮信德车业有限公司
151	天津金发新材料有限公司	188	中国水电基础局有限公司
152	天津市利民调料有限公司	189	翰林航宇（天津）实业有限公司
153	天津正达科技有限责任公司	190	天津奥林股份有限公司
154	中铁十二局集团电气化工程有限公司	191	天津北玻玻璃工业技术有限公司
155	天津拾起卖科技集团有限公司	192	天津浩源慧能科技有限公司
156	航天神舟科技发展有限公司	193	勇猛机械股份有限公司
157	天津安捷物联科技股份有限公司	194	中交三公局第二工程有限公司
158	天津海泰环保科技发展股份有限公司	195	天津高盛钢丝绳有限公司
159	天津恒电空间电源有限公司	196	天津华源线材制品有限公司
160	天津神舟通用数据技术有限公司	197	天津市大陆制氢设备有限公司
161	天津市海王星海上工程技术股份有限公司	198	天津市天立独流老醋股份有限公司
162	天津市普迅电力信息技术有限公司	199	天津卓宝科技有限公司
163	天津市威曼生物材料有限公司	200	天津华能北方热力设备有限公司
164	天津天大求实电力新技术股份有限公司	201	天津光电惠高电子有限公司
165	天津天堰科技股份有限公司	202	天津市环欧半导体材料技术有限公司
166	天津壹鸣环境科技股份有限公司	203	天津渤化永利化工股份有限公司
167	天津市环智新能源技术有限公司	204	天津市敬业精细化工有限公司
168	天津能源投资集团有限公司	205	丹娜（天津）生物科技股份有限公司
169	中铁一局集团天津建设工程有限公司	206	中铁工程装备集团（天津）有限公司
170	国网电商科技有限公司	207	美克国际家私（天津）制造有限公司
171	天津博奥赛斯生物科技股份有限公司	208	天津德威涂料化工有限公司
172	天津市康婷生物工程集团有限公司	209	天津国芯科技有限公司
173	中国大冢制药有限公司	210	天津新立中合金集团有限公司
174	天津民祥生物医药股份有限公司	211	通标标准技术服务（天津）有限公司
175	天津瑞杰塑料制品有限公司	212	鼎正新兴生物技术（天津）有限公司
176	天津市环宇橡塑股份有限公司	213	高新兴智联科技股份有限公司
177	中铁十八局集团第四工程有限公司	214	天津所托瑞安汽车科技有限公司
178	天津菲斯特机械设备有限公司	215	航天环境工程有限公司
179	天津吉达尔重型机械科技股份有限公司	216	天津蓝天太阳科技有限公司
180	天津七所高科技有限公司	217	天津锐新昌科技股份有限公司
181	天津天士力现代中药资源有限公司	218	天津三源电力信息技术股份有限公司
182	天津中荣印刷科技有限公司	219	天津市中环系统工程有限责任公司
183	北油电控燃油喷射系统（天津）有限公司	220	天津住宅集团建设工程总承包有限公司

续表

序号	企业名称	序号	企业名称
221	天津市迅尔仪表科技有限公司	258	邦盛医疗装备（天津）股份有限公司
222	天津华勘集团有限公司	259	岱纳包装（天津）有限公司
223	国网天津市电力公司	260	天津市尖峰天然产物研究开发有限公司
224	航天精工股份有限公司	261	天津泰达绿化科技集团股份有限公司
225	上海烟草集团有限责任公司天津卷烟厂	262	天津天智精细化工有限公司
226	天津建城基业集团有限公司	263	天津银宝山新科技有限公司
227	天津市宽达水产食品有限公司	264	天津中集物流装备有限公司
228	天津三电汽车空调有限公司	265	中交一航局第一工程有限公司
229	天津市盛世德新材料科技有限公司	266	天津凯德实业有限公司
230	天津市中马骏腾精密机械制造有限公司	267	平安津村药业有限公司
231	渤海阀门集团有限公司	268	天津市北海通信技术有限公司
232	天津甘泉集团有限公司	269	飞腾信息技术有限公司
233	中铁三局集团天津建设工程有限公司	270	天津环博科技有限责任公司
234	天津北达线缆集团有限公司	271	天津世纪天源集团股份有限公司
235	天津捷强动力装备股份有限公司	272	天津泓德汽车玻璃有限公司
236	天津市发利汽车压铸件厂	273	天津柯文实业股份有限公司
237	天津澳普林特科技股份有限公司	274	瀚洋重工装备制造（天津）有限公司
238	中天高科特种车辆有限公司	275	天津海尔洗涤电器有限公司
239	天津武清建总建设工程集团有限公司	276	华电重工机械有限公司
240	安泰天龙钨钼科技有限公司	277	天津滨海环球印务有限公司
241	贝特瑞（天津）纳米材料制造有限公司	278	天津嘉思特车业股份有限公司
242	大源无纺新材料（天津）有限公司	279	天津市金锚集团有限责任公司
243	上工富怡智能制造（天津）有限公司	280	沃德传动（天津）股份有限公司
244	天津卡尔斯阀门股份有限公司	281	天津华赛尔传热设备有限公司
245	天津市贝特瑞新能源科技有限公司	282	天津北特汽车零部件有限公司
246	天津市津宝乐器有限公司	283	天津天海同步科技有限公司
247	天津市新天钢联合特钢有限公司	284	天津中环领先材料技术有限公司
248	天津市凯诺实业有限公司	285	天津合纵电力设备有限公司
249	天津市特变电工变压器有限公司	286	天津铸金科技开发股份有限公司
250	天津大沽化工股份有限公司	287	艾瑞斯股份有限公司
251	天津长芦海晶集团有限公司	288	天津市科密欧化学试剂有限公司
252	天津长芦汉沽盐场有限责任公司	289	天津市顺达汽车零部件有限公司
253	津药达仁堂集团股份有限公司第六中药厂	290	天津航天长征技术装备有限公司
254	天津市山海关饮料有限公司	291	天津瑞奇外科器械股份有限公司
255	天津郁美净集团有限公司	292	天津泰达环保有限公司
256	天津市赛远科技有限公司	293	唯捷创芯（天津）电子技术股份有限公司
257	天津天德减震器有限公司	294	中交一航局安装工程有限公司

续表

序号	企业名称	序号	企业名称
295	天津建昌环保股份有限公司	332	天津天女化工集团股份有限公司
296	公元管道（天津）有限公司	333	民航机场建设工程有限公司
297	恒大新能源汽车（天津）有限公司	334	天津环渤新材料有限公司
298	天津轨道交通集团有限公司	335	中汽研（天津）汽车工程研究院有限公司
299	中交一公局第六工程有限公司	336	天津华来科技股份有限公司
300	天津春发生物科技集团有限公司	337	中国能源建设集团天津电力设计院有限公司
301	天津法莫西医药科技有限公司	338	天津市银博印刷集团有限公司
302	天津天一建设集团有限公司	339	天津中电华利电器科技集团有限公司
303	天津百利展发集团有限公司	340	中冶天工集团天津有限公司
304	天津金隅振兴环保科技有限公司	341	天津贝利泰陶瓷有限公司
305	天津芦台春酿造有限公司	342	天津华夏联盛汽车部件有限公司
306	天津华翔汽车金属部件有限公司	343	天津惠德汽车进气系统股份有限公司
307	天津海钢板材有限公司	344	天津瑞驰兴模具有限公司
308	天津美泰真空技术有限公司	345	中汽（天津）系统工程有限公司
309	天津瑞福天科模具有限公司	346	中汽数据（天津）有限公司
310	天津冶建特种材料有限公司	347	天津见康华美医学诊断技术有限公司
311	天津泵业机械集团有限公司	348	天津德华石油装备制造有限公司
312	天津光电聚能专用通信设备有限公司	349	天津北方天力增压技术有限公司
313	天津斯巴克瑞汽车电子股份有限公司	350	天津工程机械研究院有限公司
314	天津德凯化工股份有限公司	351	天津华涛汽车塑料饰件有限公司
315	天津津酒集团有限公司	352	天津市管道工程集团有限公司
316	天津三建建筑工程有限公司	353	天津市新天钢钢线钢缆有限公司
317	纳通医用防护器材（天津）有限公司	354	天津威猛机械制造有限公司
318	紫光云技术有限公司	355	天津美腾科技股份有限公司
319	天津市华宇农药有限公司	356	和能人居科技（天津）集团股份有限公司
320	天津希利汽车部品有限公司	357	天津航天长征火箭制造有限公司
321	天津市伟泰轨道交通装备有限公司	358	太重（天津）滨海重型机械有限公司
322	天津星月欧瑞门业有限公司	359	中国电建集团港航建设有限公司
323	LV技术工程（天津）有限公司	360	中海石油环保服务（天津）有限公司
324	天津博威动力设备有限公司	361	中粮佳悦（天津）有限公司
325	天津天士力之骄药业有限公司	362	富通特种光缆（天津）有限公司
326	天津三卓韩一橡塑科技股份有限公司	363	天津七所精密机电技术有限公司
327	中投（天津）智能管道股份有限公司	364	中色（天津）特种材料有限公司
328	中汽（天津）汽车装备有限公司	365	天津天钢石油专用管制造有限公司
329	天津市百利纽泰克电气科技有限公司	366	天津市天缘电工材料股份有限公司
330	天津市中环电子计算机有限公司	367	天津中车风电叶片工程有限公司
331	天津东洋油墨有限公司	368	法拉达汽车散热器（天津）有限公司

续表

序号	企业名称	序号	企业名称
369	天津忠旺铝业有限公司	406	天津移山工程机械有限公司
370	交控技术装备有限公司	407	瑞普（天津）生物药业有限公司
371	天津宝涞精工集团股份有限公司	408	天津市东信国际花卉有限公司
372	天津赛德生物制药有限公司	409	天津艾洛克通讯设备科技有限公司
373	天津普林电路股份有限公司	410	天津宝成机械制造股份有限公司
374	天津美亚化工有限公司	411	泰伦特生物工程股份有限公司
375	天津中财型材有限责任公司	412	天津市施普乐农药技术发展有限公司
376	中国电建市政建设集团有限公司	413	天津市万博线缆有限公司
377	飞马（天津）缝纫机有限公司	414	中材（天津）粉体技术装备有限公司
378	天津市津达执行器有限公司	415	天津东方兴泰工业科技股份有限公司
379	天津新科成套仪表有限公司	416	天津万事达物流装备有限公司
380	天津精诚机床股份有限公司	417	天津市旭辉恒远塑料包装股份有限公司
381	天津润德中天钢管有限公司	418	天津英利模具制造有限公司
382	宏观世纪（天津）科技股份有限公司	419	天津市天应泰钢管有限公司
383	华电水务装备（天津）有限公司	420	天津中德传动有限公司
384	中铁二十二局集团第四工程有限公司	421	天津宏泰华凯科技有限公司
385	首瑞（天津）电气设备有限公司	422	天津国际机械有限公司
386	天津天元海科技开发有限公司	423	天津七六四通信导航技术有限公司
387	玖龙纸业（天津）有限公司	424	津药达仁堂集团股份有限公司隆顺榕制药厂
388	天津华源时代金属制品有限公司	425	天津哈娜好医材有限公司
389	天津龙创恒盛实业有限公司	426	天津敏信机械有限公司
390	天津渔阳酒业有限责任公司	427	天津信泰汽车零部件有限公司
391	天津金牛电源材料有限责任公司	428	天津一重电气自动化有限公司
392	天津三源电力智能科技有限公司	429	天津冶金集团天材科技发展有限公司
393	天津六〇九电缆有限公司	430	致恒（天津）实业有限公司
394	龙蟠润滑新材料（天津）有限公司	431	天津宏大纺织科技有限公司
395	天津市联众钢管有限公司	432	天津市津兆机电开发有限公司
396	津药达仁堂集团股份有限公司乐仁堂制药厂	433	中建六局水利水电建设集团有限公司
397	天津正标津达线缆集团有限公司	434	电装（天津）空调部件有限公司
398	泽达易盛（天津）科技股份有限公司	435	天津恒丰达塑业股份有限公司
399	汇源印刷包装科技（天津）股份有限公司	436	天津市天矿电器设备有限公司
400	天津正天医疗器械有限公司	437	天津豹鸣股份有限公司
401	百超（天津）激光技术有限公司	438	天津博顿电子有限公司
402	天津东南钢结构有限公司	439	天津市东方先科石油机械有限公司
403	天津城建集团有限公司	440	爱玛科技集团股份有限公司
404	天津市建筑设计研究院有限公司	441	中策橡胶（天津）有限公司
405	中铁四局集团第三建设有限公司	442	中交海洋建设开发有限公司

续表

序号	企业名称	序号	企业名称
443	天津爱赛克车业有限公司	480	竹林伟业科技发展（天津）股份有限公司
444	天津华大医学检验所有限公司	481	博纳斯威阀门股份有限公司
445	天津瑞源电气有限公司	482	天津津通铁塔股份有限公司
446	天津赛恩集团有限公司	483	天纺标检测认证股份有限公司
447	TCL环鑫半导体（天津）有限公司	484	天津达仁堂京万红药业有限公司
448	天津市思特玻璃有限公司	485	天津精华石化有限公司
449	中航装甲科技有限公司	486	天津联博化工股份有限公司
450	天津华宁电子有限公司	487	中铁上海工程局集团第四工程有限公司
451	天津瑞能电气有限公司	488	中铁十五局集团第五工程有限公司
452	天津银河阀门有限公司	489	中冶建工集团（天津）建设工程有限公司
453	天津华信机械有限公司	490	天津爱旭太阳能科技有限公司
454	天津华建天恒传动有限责任公司	491	大禹节水（天津）有限公司
455	天津民祥药业有限公司	492	天狮集团有限公司
456	中国机房设施工程有限公司	493	中国石油化工股份有限公司天津分公司
457	天津渤海精细化工有限公司	494	中石化第四建设有限公司
458	中交（天津）疏浚工程有限公司	495	天津天加环境设备有限公司
459	天津华鸿科技股份有限公司	496	天津市东宝润滑油脂有限公司
460	天津市天大天发科技有限公司	497	天津石泰集团有限公司
461	天津赛特测机有限公司	498	天津伽蓝德汽车零部件有限公司
462	平高集团储能科技有限公司	499	天津金域医学检验实验室有限公司
463	天津恒兴机械设备有限公司	500	天津市创举科技股份有限公司
464	天津市祥威传动设备有限公司	501	天津天士力集团有限公司
465	天津泰正机械有限公司	502	中粮包装（天津）有限公司
466	天津祥嘉流体控制系统有限公司	503	中国石油天然气股份有限公司大港油田分公司
467	天津市大桥道食品有限公司	504	中海油（天津）油田化工有限公司
468	天津市飞龙砼外加剂有限公司	505	天津市丰立银锚幕墙工程有限公司
469	天津军星管业集团有限公司	506	天下石仓（天津）有限公司
470	天津宝兴威科技股份有限公司	507	中远关西涂料化工（天津）有限公司
471	天津市中环天佳电子有限公司	508	天津市佳利电梯电机有限公司
472	中环天仪（天津）气象仪器有限公司	509	天津市西青区华兴电机制造有限公司
473	软通智慧信息技术有限公司	510	中建八局天津建设工程有限公司
474	展讯通信（天津）有限公司	511	天津新日机电有限公司
475	天津宝丰建材有限公司	512	联合赤道环境评价股份有限公司
476	吉辰智能设备集团有限公司	513	天津鑫宝龙电梯集团有限公司
477	思维自动化设备（天津）有限公司	514	天津九为实业有限公司
478	中铁十八局集团第五工程有限公司	515	天津金匙医学科技有限公司
479	天津轮翼运动器材有限公司	516	天津宏仁堂药业有限公司

续表

序号	企业名称	序号	企业名称
517	天津南大通用数据技术股份有限公司	554	天津市新阳汽车电子有限公司
518	禧天龙科技发展有限公司	555	天津市英贝特航天科技有限公司
519	天津市禹神建筑防水材料有限公司	556	天津市百得纸业有限公司
520	天津市汉邦植物保护剂有限责任公司	557	天津福臻工业装备有限公司
521	天津恒达文博科技股份有限公司	558	天津天汽模志通车身科技有限公司
522	际华三五二二装具饰品有限公司	559	天津重钢机械装备股份有限公司
523	通号工程局集团电气工程有限公司	560	中星电子股份有限公司
524	天津市百成油田采油设备制造有限公司	561	中国石油集团工程技术研究有限公司
525	华诚博远钢结构有限公司	562	天津电力机车有限公司
526	远大住宅工业（天津）有限公司	563	天津市华明集团有限公司
527	天津市京建建筑防水工程有限公司	564	天津市奥瑞克电梯有限公司
528	天津欧波精密仪器股份有限公司	565	天津市中升挑战生物科技有限公司
529	天津同仁堂集团股份有限公司	566	保光（天津）汽车零部件有限公司
530	天津市宝来工贸有限公司	567	天津信谊津津药业有限公司
531	天津北方食品有限公司	568	海斯坦普汽车组件（天津）有限公司
532	天津同阳科技发展有限公司	569	小刀科技股份有限公司
533	德中（天津）技术发展股份有限公司	570	天津市新天钢冷轧薄板有限公司
534	优利康达（天津）科技有限公司	571	欧尚元智能装备有限公司
535	林德英利（天津）汽车部件有限公司	572	天津七一二移动通信有限公司
536	海程新材料科技有限公司	573	天津富通光纤技术有限公司
537	天津狗不理食品股份有限公司	574	天津市百瑞泰管业股份有限公司
538	天津飞旋科技股份有限公司	575	建科机械（天津）股份有限公司
539	中汽研汽车检验中心（天津）有限公司	576	天津全和诚科技有限责任公司
540	天津辰创环境工程科技有限责任公司	577	天津三英精密仪器股份有限公司
541	天津凯普林光电科技有限公司	578	天津海友佳音生物科技股份有限公司
542	天津平高智能电气有限公司	579	天津经纬辉开光电股份有限公司
543	天津经纬恒润科技有限公司	580	天津中盛海天制药有限公司
544	恩智浦半导体（天津）有限公司	581	天津欧铭庄自动化技术有限公司
545	天津太平洋制药有限公司	582	华海智汇技术有限公司
546	天津盛世永业科技发展有限公司	583	天津三环乐喜新材料有限公司
547	铁科纵横（天津）科技发展有限公司	584	航天神舟飞行器有限公司
548	天津万华股份有限公司	585	天津生机集团股份有限公司
549	中铁城建集团第三工程有限公司	586	天津亿鑫通科技股份有限公司
550	华阳新兴科技（天津）集团有限公司	587	天津中油渤星工程科技有限公司
551	中发建筑技术集团有限公司	588	中环天仪股份有限公司
552	天津市百利溢通电泵有限公司	589	天津新松机器人自动化有限公司
553	天津天伟食品有限公司	590	南方创业（天津）科技发展有限公司

续表

序号	企业名称	序号	企业名称
591	天津塘沽瓦特斯阀门有限公司	628	中国能源建设集团天津电力建设有限公司
592	天津天诚新药评价有限公司	629	天津市久跃科技有限公司
593	天津市企美科技发展有限公司	630	天津晨天自动化设备工程有限公司
594	天津市天友建筑设计股份有限公司	631	凯诺斯（中国）铝酸盐技术有限公司
595	天津立鑫晟新材料科技有限公司	632	天津斯巴克斯机电有限公司
596	盈科瑞（天津）创新医药研究有限公司	633	华德起重机（天津）股份有限公司
597	天津第一机床有限公司	634	天津三环奥纳科技有限公司
598	中交一公局第八工程有限公司	635	安擎计算机信息股份有限公司
599	南洋电缆（天津）有限公司	636	天津望圆智能科技股份有限公司
600	天津市天科数创科技股份有限公司	637	中电科半导体材料有限公司
601	津药药业股份有限公司	638	天津世宇电子股份有限公司
602	中铁建大桥工程局集团电气化工程有限公司	639	天津中环新宇科技有限公司
603	中安广源检测评价技术服务股份有限公司	640	天津航天信息有限公司
604	天津圣金特汽车配件有限公司	641	天津盛驰精工有限公司
605	津药达仁堂集团股份有限公司达仁堂制药厂	642	天津爱思达航天科技有限公司
606	卡本科技集团股份有限公司	643	天津捷盛东辉保鲜科技有限公司
607	天津市新丽华色材有限责任公司	644	川铁电气（天津）股份有限公司
608	远大健康科技（天津）有限公司	645	天津利福特电梯部件有限公司
609	博格华纳汽车零部件（天津）有限公司	646	天津市中央药业有限公司
610	中煤天津设计工程有限责任公司	647	思腾合力（天津）科技有限公司
611	天津华测检测认证有限公司	648	中电科蓝天科技股份有限公司
612	中汽研汽车工业工程（天津）有限公司	649	中海油安全技术服务有限公司
613	天津瑞孚饲料有限公司	650	北鹏首豪（天津）新型建材有限公司
614	海光信息技术股份有限公司	651	博思特能源装备（天津）股份有限公司
615	天津益昌电气设备股份有限公司	652	天津市德利泰开关有限公司
616	弗兰德传动系统有限公司	653	中铁建大桥工程局集团第三工程有限公司
617	天津艺点意创科技有限公司	654	天津天海精密锻造有限公司
618	天津众合智控科技有限公司	655	天津金山电线电缆股份有限公司
619	天津众晶半导体材料有限公司	656	天津市百利电气有限公司
620	天津怡和嘉业医疗科技有限公司	657	天津港信息技术发展有限公司
621	天津森罗科技股份有限公司	658	天津渤化橡胶有限责任公司
622	天津经纬正能电气设备有限公司	659	天津市新天钢冷轧板业有限公司
623	天津埃克森阀门有限公司	660	天津德科智控股份有限公司
624	菲特（天津）检测技术有限公司	661	天津欧派集成家居有限公司
625	天津市德立汽车部件有限公司	662	天津中车唐车轨道车辆有限公司
626	中交（天津）生态环保设计研究院有限公司	663	中联信达（天津）科技发展有限公司
627	天津英创汇智汽车技术有限公司	664	天津松园电子有限公司

续表

序号	企业名称	序号	企业名称
665	天津航天中为数据系统科技有限公司	702	三尚行（天津）食品股份有限公司
666	天津市精美特表面技术有限公司	703	天津橡鑫生物科技有限公司
667	天津圣达辰洋汽车部件有限公司	704	天津福赛汽车部件有限公司
668	天津荣程联合钢铁集团有限公司	705	天津市水利工程集团有限公司
669	天津荣亨集团股份有限公司	706	天津市小刀新能源科技有限公司
670	天津津滨石化设备有限公司	707	中色（天津）新材料科技有限公司
671	天津泰达滨海清洁能源集团有限公司	708	金品计算机科技（天津）有限公司
672	天津市通洁高压泵制造有限公司	709	天津市金兴达实业有限公司
673	天津二商迎宾肉类食品有限公司	710	天津吉诺科技有限公司
674	天津海河乳品有限公司	711	一重集团天津重工有限公司
675	东方电气（天津）风电叶片工程有限公司	712	天津市精成伟业机器制造有限公司
676	天津天大天久科技股份有限公司	713	麦格纳技术与模具系统（天津）有限公司
677	天津市新宇彩板有限公司	714	中建钢构天津有限公司
678	天津大学建筑设计规划研究总院有限公司	715	中建轨道电气化工程有限公司
679	天津华迈燃气装备股份有限公司	716	天津普瑞特净化技术有限公司
680	常源科技（天津）有限公司	717	嘉思特医疗器材（天津）股份有限公司
681	融科联创（天津）信息技术有限公司	718	天津普兰能源科技有限公司
682	天津华能变压器有限公司	719	中盐工程技术研究院有限公司
683	天津宜药印务有限公司	720	天津泰达洁净材料有限公司
684	中交一公局集团建筑工程有限公司	721	天津三英焊业股份有限公司
685	天津中冠汽车部件制造有限公司	722	天津佰焰科技股份有限公司
686	天津市环欧新能源技术有限公司	723	天津鲁华泓锦新材料科技有限公司
687	中汽研新能源汽车检验中心（天津）有限公司	724	天津高能时代水处理科技有限公司
688	天津凌云高新汽车科技有限公司	725	中交第一航务工程勘察设计院有限公司
689	天津众泰材料科技有限公司	726	华熙生物科技（天津）有限公司
690	库珀新能源股份有限公司	727	国能（天津）港务有限责任公司
691	中海油（天津）管道工程技术有限公司	728	天津正道机械制造有限公司
692	华海通信技术有限公司	729	航天长征睿特科技有限公司
693	天津九为新材料有限公司	730	天津商科数控技术股份有限公司
694	天津建工科技有限公司	731	信义玻璃（天津）有限公司
695	天津艺虹智能包装科技股份有限公司	732	戈尔电梯（天津）有限公司
696	施耐德万高（天津）电气设备有限公司	733	蒂普拓普（天津）橡胶技术有限公司
697	天津市中力神盾电子科技有限公司	734	天津镭明激光科技有限公司
698	纬渀汽车电子（天津）有限公司	735	天津新玛特科技发展有限公司
699	天津博菲德科技有限公司	736	中电晶华（天津）半导体材料有限公司
700	天津市橡胶工业研究所有限公司	737	成立航空股份有限公司
701	中建科技天津有限公司	738	天津博雅全鑫磁电科技有限公司

天津市两院院士名录

中国科学院院士（16名）

姓名	单位	姓名	单位
刘广均	核工业理化工程研究院	张伟平	南开大学
周　恒	天津大学	宋礼成	南开大学
张春霆	天津大学	周其林	南开大学
姚建铨	天津大学	陈永川	南开大学
程津培	南开大学	刘丛强	天津大学
葛墨林	南开大学	陈　军	南开大学
饶子和	南开大学	卜显和	南开大学
龙以明	南开大学	元英进	天津大学

中国工程院院士（17名）

姓名	单位	姓名	单位
钱皋韵	核工业理化工程研究院	陈予恕	天津大学
汪顺亭	中国船舶重工集团公司第七〇七研究所	吴以成	天津理工大学
吴咸中	天津医科大学	余贻鑫	天津大学
王静康	天津大学	张伯礼	天津中医药大学
石学敏	天津中医药大学第一附属医院	金东寒	天津大学
李猷嘉	中国市政工程华北设计研究总院有限公司	苏万华	天津大学
叶声华	天津大学	夏长亮	天津工业大学
郝希山	天津医科大学肿瘤医院	王成山	天津大学
刘昌孝	天津药物研究院有限公司		

注：截至2023年12月31日。

第十部分 主要统计指标解释

2024 天津科技统计年鉴

科学研究和技术服务业机构

一、人员指标

1. **从业人员期末人数**：指由调查单位年末直接组织安排工作并支付工资的各类人员总数。包括在岗职工、劳务派遣人员和返聘的离退休人员。不包括离退休人员、停薪留职人员。

2. **科技活动人员**：指从业人员中的科技管理人员、科研业务人员和科技服务人员。

3. **科技管理人员**：指调查单位领导及业务、人事管理人员。包括调查单位领导，从事科技计划管理、课题管理、成果管理、专利管理、科技统计、科技档案管理、科技外事工作、人事管理、教育培训、财务等与科技活动有关的人员。

4. **科研业务人员**：指从事科研活动、对外提供科技服务的专业技术人员。

5. **对内科技服务人员**：指直接为调查单位提供科技服务的各类人员，如从事图书、信息与文献、测试、试制、咨询、物资器材供应等工作的人员，以及实验室、试验工厂（车间）、试验农场的人员。不包括司机、门卫、食堂人员、医务人员、清洁工、幼儿园和托儿所的工作人员，以及主要从事生产、经营活动人员。

6. **生产经营活动人员**：指主要从事定型产品的批量生产，单位内部招待所、商店、出版印刷等生产经营和对外服务活动的人员。在单位办经济实体中的院所编制人员也应包括在内。

7. **其他人员**：指从业人员中除从事科技活动和生产、经营活动人员以外的其余人员，包括从事医疗、工程设计、教学培训和生活后勤服务人员等。

8. **外聘的流动学者**：外聘短期或长期的访问学者、研究人员（编制在其他单位）。

9. **非本单位在读研究生**：指报告期内调查单位招收的在读研究生，不包括本单位在职职工在本单位就读的研究生。

10. **离退休人员**：指报告期内调查单位人事管理部门管理的、仍在世的离退休人员累计数。

11. **高级职称**：指研究员、副研究员，教授、副教授，高级工程师，高级农艺师，正、副主任医（药、护、技）师，高级实验师，高级统计师，高级经济师，高级会计师，编审（正、副编审），译审（正、副译审），高级（主任）记者，正、副研究馆员等。

12. **中级职称**：指助理研究员、讲师、工程师、农艺师、主治医（药、护、技）师、实验师、统计师、经济师、会计师、编辑、翻译、记者、馆员等。

13. **初级职称**：指研究实习员、助教、助理工程师、技术员、助理农艺师、农业技术员、医（药、护、技）师、医（药、护、技）士、助理实验师、实验员、助理统计师、统计员、助理经济师、助理会计师、会计员、助理编辑、见习编辑、助理翻译、助理记者、助理馆员、管理员等。

14. **R&D 人员**：指报告期内调查单位 R&D 活动单位中从事基础研究、应用研究和试验发展活动的人员。包括：①直接参加 R&D 活动的人员；②与 R&D 活动相关的管理人员和直接服务人员，即直接为 R&D 活动提供资料文献、材料供应、设备维护等服务的人员。不包括为 R&D 活动提供间接服务的人员，如餐饮服务、安保人员等，也不包括全年从事 R&D 活动工作量不到 0.1 年的人员。

15. **R&D 全时人员**：指报告期内调查单位从事 R&D 活动的实际工作时间占制度工作时间 90% 及以上的人员，其全时当量计为 1 人年。

16. **R&D 非全时人员**：指报告期内调查单位从事 R&D 活动的实际工作时间占制度工作时间 10%（含）~ 90%（不含）的人员，其全时当量按工作时间比例计为 0.1 ~ 0.9 人年；从事 R&D 活动的实际工作时间占制度工作时间不足 10% 的人员，不计入 R&D 人员，也不计算全时当量。

17. **R&D 人员折合全时当量**：指报告期内调查单位 R&D 人员按实际从事 R&D 活动时间计算的工作量，以"人年"为计量单位。是全时人员折合全时当量与所有非全时人员工作量之和，结果取整数。一个全时人员的折合全时当量计为 1，非全时人员按实际投入工作量进行累加。

18. **研究人员**：指从事新知识、新产品、新工艺、新方法、新系统的构想或创造的专业人员及 R&D 项目（课题）主要负责人员和 R&D 机构的高级管理人员。

19. **专业技术人员**：指专门从事科学研究和专业技术工作的人员。

二、经费指标

1. **科技活动收入**：指报告期内调查单位开展科技活动所获得的收入，无论来源渠道如何。

2. **政府资金**：指由各级政府部门直接拨款或企、事业单位利用政府资金委托调查单位从事科学技术活动所获得的收入。

3. **财政拨款**：指报告期内调查单位实际收到的本级财政拨款，含一般公共预算拨款和政府性基金预算拨款，不包括离退休人员的政府拨款。

4. **承担政府科研项目收入**：指报告期内调查单位为了开展科学研究、新产品试制、中间试验、科技成果示范性推广等科技活动，通过签订协议、合同或其他形式申请并获得的政府经费，包括课题专项、设备专项和其他专项。

5. **技术性收入（事业单位）**：指本单位从事科学技术活动所获得的非政府资金（毛收入），如企、事业单位和社会团体利用自有资金委托本单位开展科学技术活动所提供的资金，由技术开发收入、技术转让收入、技术咨询及技术服务收入、学术活动和科普活动收入几项合计。

6. **技术性收入（企业）**：指企业全年用于技术转让、技术承包、技术咨询与服务、技术入股、中试产品收入及接受外单位委托的科研收入等。

技术转让收入：指企业科研与开发活动的成果通过技术贸易、技术转让所获得的收入。

技术承包收入：包括技术项目设计承包、技术工程和技术承包所获得的收入。

技术咨询与服务收入：指企业利用自己的人力、物力和数据系统等为社会和用户提供技术情报、技术资料、技术咨询、测试分析及其他类型的技术服务所获得的收入。

技术开发收入：指企业承担社会各方面委托技术开发活动所获得的收入。

7. **政府委托/采购**：指由各级政府部门使用财政资金，购买或委托企业进行研究开发所获得的收入。

8. **国外委托**：指中国国外的企业、大学、国际组织、民间组织、金融机构及外国政府委托在中国境内注册的各类企业用于技术开发活动的经费。不包括外国在中国注册的企业提供的技术开发经费。

9. **企业委托**：指接受其他企业委托本企业从事技术开发活动所获得的收入。

10. **国外资金**：指中国境外的企业、大学、国际组织、民间组织、金融单位及外国政府提供给在中国境内注册的各类单位用于科技活动的经费。不包括外国在中国注册的企业提供的经费。

11. **生产经营活动收入**：指报告期内调查单位在专业业务活动及辅助活动之外开展非独立核算经营活动取得的收入，包括产品（商品）销售收入、经营服务收入、工程承包收入、租赁收入和其他经营收入。

12. **其他收入**：指开展科技活动与生产、经营活动以外的各项收入，包括医院的医疗活动、工程设计活动、教学培训等活动收入和离退休人员政府拨款。

13. **科技经费内部支出**：指报告期内调查单位用于内部开展科技活动、可在当期直接作为费用计入成本的支出，包括来自科研渠道以及其他各种渠道的经费实际用于科技活动支出的费用，以及外协加工费。

14. **日常性支出**：指报告期内调查单位发生的、可在当期直接作为费用计入成本的支出，包括人员劳务费、折旧和摊销以及其他日常性支出。

人员劳务费：指报告期内调查单位以货币或实物形式直接或间接支付给科技活动人员的劳动报酬及各种费用，包括工资、奖金以及所有相关费用和福利。

其他日常性支出：指报告期内调查单位用于科技活动而购置的原材料、燃料、动力、工器具等低值易耗品，以及各种相关直接或间接的管理和服务等支出。

15. **资产性支出**：指报告期内调查单位进行固定资产建造、购置、改扩建及大修理等的支出，包括土地与建筑物支出、仪器与设备支出、资本化的计算机软件支出、专利和专有技术支出等。

16. **生产经营支出**：指报告期内调查单位在专业业务活动及辅助活动之外开展非独立核算经营活动发生的支出。

17. **其他支出**：指开展科技活动与经营活动以外的各项活动的内部支出，包括医院的医疗活动、工程设计活动、教学培训等活动内部支出，离退休人员费用。

18. **科技活动经费支出（企业）**：指报告期内企业用于开展科技活动的费用合计，包括人员人工费用、直接投入费用、折旧费用与长期待摊费用、无形资产摊销费用、设计费用、装备调试费用与试验费用、委托外部研究开发费用及其他费用。

人员人工费用：指报告期内企业支付给科技活动人员的工资薪金、基本养老保险费、基本医疗保险费、失业保险费、工伤保险费、生育保险费和住房公积金，以及外聘研究开发人员的劳务费用等。

直接投入费用：指报告期内企业为实施科技研究开发活动而实际发生的相关支出。包括直接消耗的材料、燃料和动力费用；用于中间试验和产品试制的模具、工艺装备开发及制造费，不构成固定资产的样品、样机及一般测试手段购置费，试制产品的检验费；用于研究开发活动的仪器、设备的运行维护、调整、检验、检测、维修等费用，以及通过经营租赁方式租入的用于研究开发活动的固定资产租赁费等。

折旧费用与长期待摊费用：指报告期内企业为实施科技活动而购置的仪器和设备及在用建筑物的折旧费用，包括研发设施改建、改装、装修和修理过程中发生的长期待摊费用等。

无形资产摊销费用：指报告期内企业用于研究开发活动的软件、知识产权、非专利技术（专有技术、许可证、设计和计算方法等）的摊销费用等。

设计费用：指报告期内企业为新产品和新工艺进行构思、开发和制造，进行工序、技术规范、规程制定、操作特性方面的设计等发生的费用，包括为获得创新性、创意性、突破性产品进行的创意设计活动发生的相关费用等。

装备调试费用与试验费用：装备调试费用指报告期内企业在工装准备过程中研究开发活动所发生的费用，包括研制特殊、专用的生产机器，改变生产和质量控制程序，或者制定新方法及标准等活动所发生的费用。不包括为大规模批量化和商业化生产所进行的常规性工装准备和工业工程发生的费用。试验费用包括新药研制的临床试验费、勘探开发技术的现场试验费、田间试验费等。

委托外单位开展科技活动的经费：指报告期内企业委托境内外其他机构进行科技活动所发生的费用。

其他费用：指报告期内企业除上述费用之外与科技活动直接相关的其他费用，包括技术图书资料费、资料翻译费、专家咨询费、高新科技研发保险费、研发成果的检索、论证、评审、鉴定、验收费用，知识产权的申请费、注册费、代理费、会议费、差旅费、通信费等。

19. 年末固定资产原价：指固定资产的成本，包括调查单位在购置、自行建造、安装、改建、扩建、技术改造某项固定资产时所发生的全部支出总额。

科研房屋建筑物：指可直接用于科技活动的各种建筑设施。包括实验楼、实验室、实验性工厂（车间）、农场的有关建筑设施、学术报告场所、科技管理的办公建筑、科技器材物资仓库。不包括食堂、职工宿舍等福利性建筑。若以上各种建筑设施不是用于单一目的，按比例折算分别统计。

科学仪器设备：指从事科技活动的人员直接使用的科研仪器设备。不包括与基建配套的各种动力设备、机械设备、辅助设备，也不包括一般运输工具（科学考察用交通运输工具除外）和专用于生产的仪器设备。若科研与生产共用的仪器设备，则按其使用目的，统计在主要一方（不包括长期闲置的仪器和设备）。

科学仪器设备中进口：指报告期末固定资产中从国外购入的仪器和设备的原价（不包括长期闲置的仪器和设备）。

20. R&D 经费内部支出：指报告期内调查单位内部为实施 R&D 活动而实际发生的全部经费，应按"全成本核算"的口径进行计量。包括人员工资、劳务费、其他日常支出、仪器设备购置费、土地使用和建造费等。不包括与外单位合作研究而拨给对方使用的经费。

人员劳务费：指报告期内调查单位为实施 R&D 活动以货币或实物形式直接或间接支付给 R&D 人员的劳动报酬及各种费用，包括工资、奖金及所有相关费用和福利。非全时人员劳务费应按其从事 R&D 活动实际工作时间进行折算。

其他日常性支出：报告期内调查单位为实施 R&D 活动而购置的原材料、燃料、动力、工器具等低值易耗品，以及各种相关直接或间接的管理和服务等支出。为 R&D 活动提供间接服务的人员费用包括在内。计算 R&D 活动日常支出时，应将整个单位的公共管理费、公用非科研仪器设备购置费等分摊到单位相应 R&D 活动日常支出中。

21. **基础研究**：是一种不预设任何特定应用或使用目的的实验性或理论性工作，其主要目的是获得（已发生）现象和可观察事实的基本原理、规律和新知识。基础研究的成果通常表现为提出一般原理、理论或规律，并以论文、著作、研究报告等形式为主。

22. **应用研究**：是为获取新知识，达到某一特定的实际目的或目标而开展的初始性研究。应用研究是为了确定基础研究成果的可能用途或确定实现特定和预定目标的新方法。其研究成果以论文、著作、研究报告、原理性模型或发明专利等形式为主。

23. **试验发展**：是利用从科学研究、实际经验中获取的知识和研究过程中产生的其他知识，为开发新的产品、工艺或改进现有产品、工艺而进行的系统性研究。其研究成果以专利、专有技术，以及具有新颖性的产品原型、原始样机及装置等形式为主。

24. **R&D 资产性支出**：指报告期内调查单位为实施 R&D 活动而进行固定资产建造、购置、改扩建及大修理等的支出，包括土地与建筑物支出、仪器与设备支出、资本化的计算机软件支出、专利和专有技术支出等。对于 R&D 活动与非 R&D 活动（生产活动、教学活动等）共用的建筑物、仪器与设备等应按使用面积、时间等进行合理分摊。

土建费：指报告期内调查单位为实施 R&D 活动而购置土地（如测试场地、实验室和中试工厂用地）、建造或购买建筑物而发生的支出，包括大规模扩建、改建和大修理发生的支出。

仪器与设备支出：指报告期内调查单位为实施 R&D 活动而购置的、达到固定资产标准的仪器和设备的支出，包括嵌入软件的支出。

资本化的计算机软件支出：指报告期内调查单位为实施 R&D 活动而购置的使用时间超过一年的计算机软件支出。

专利和专有技术支出：指报告期内调查单位为实施 R&D 活动而购置专利和专有技术的支出。

25. **R&D 经费外部支出**：指报告期内调查单位委托其他单位或与其他单位合作开展 R&D 活动而转拨给其他单位的全部经费。不包括外协加工费。

对境内研究机构支出：指当年委托或与境内独立科研单位合作开展 R&D 活动而支付予其的经费。

对境内高等学校支出：指当年委托或与境内高等学校合作开展 R&D 活动而支付予其的经费。

对境内企业支出：指当年委托或与境内企业合作开展 R&D 活动而支付予其的经费。

对境内其他单位支出：指当年委托或与境内其他单位合作开展 R&D 活动而支付予其的经费。

对境外机构支出：指当年委托或与国外或港澳台机构合作开展 R&D 活动而支付予其的经费。

三、课题指标

1. **课题经费内部支出**：指在报告期内为进行该课题研究而实际用于调查单位内的全部支出，包括劳务费、原材料费、其他日常支出、仪器设备购置费、土建费等。不包括折旧费用与长期费用摊销，不包括与外企业合作研究而拨给对方使用的经费。

2. **课题人员折合全时当量**：指报告期内调查单位实际参加课题活动的各类人员工作量的总和（不

包括合作项目中本单位没有发放劳动报酬的外单位人员）。统计时首先把课题人员分为全时人员和非全时人员，然后将非全时人员折算为全时当量，并与全时人员合并成折合全时当量。

四、科技成果指标

1. **专利申请受理数**：指报告期内调查单位向国内外知识产权行政部门提出专利申请并被受理的件数。

2. **专利授权数**：指报告期内由国内外知识产权行政部门向调查单位授予专利权的件数。

3. **有效发明专利数**：指报告期内调查单位作为专利权人在报告年度拥有的、经国内外知识产权行政部门授权且在有效期内的发明专利件数。

4. **专利所有权转让及许可数**：指报告期内调查单位（企业）向外单位（企业）转让专利所有权或允许专利技术由被许可单位（企业）使用的件数，一项专利多次许可算一件。

5. **专利所有权转让及许可收入**：指报告期内调查单位（企业）向外单位（企业）转让专利所有权或允许专利技术由被许可单位（企业）使用而得到的收入。包括当年从被转让方或被许可方得到的一次性付款和分期付款收入，以及利润分成、股息收入等。包括以往年份签订转让专利所有权或允许专利技术由被许可单位（企业）使用合同的当年收入。

6. **科技论文（事业单位）**：指报告年度在学术期刊上发表的最初的科学研究成果。应具备以下3个条件：①首次发表的研究成果；②作者的结论和试验被同行重复并验证；③发表后科技界能引用。统计范围为在全国性学报或学术刊物上、省部属大专院校对外正式发行的学报或学术刊物上发表的论文，以及向国外发表的论文。只统计第一作者编制在本单位或者第一署名单位为本单位的论文。

7. **科技论文（企业）**：在全国性学报或学术刊物上、省部属大专院校对外正式发行的学报或学术刊物上发表的论文，以及向国外发表的论文。只统计本企业科技人员为第一作者的论文。

8. **科技著作**：指经过正式出版部门编印出版的科技专著、大专院校教科书、科普著作。只统计本单位（企业）科技人员为第一作者的著作。同一书名计为一种著作，与书的发行量无关。

9. **形成国家或行业标准数**：指报告期内调查单位在自主研发或自主知识产权基础上形成的国家或行业标准。

10. **集成电路布图设计登记数**：指报告期内调查单位向知识产权行政部门提出登记申请并被受理登记的集成电路布图设计的件数。

11. **植物新品种权授予数**：指报告期内调查单位向农业、林业行政部门（审批机关）提出申请并被授予植物新品种的项数。

12. **软件著作权数**：指报告期内调查单位向国家版权局提出登记申请并被受理登记的软件著作权数。

13. **新药证书数**：指报告期内调查单位向国家药品监督管理局提出申请并被批准新药证书数。

规模以上工业企业、建筑业企业和重点服务业企业

1. **从业人员**：指报告期末最后一日24时在本单位工作并取得工资或其他形式劳动报酬的人员数。该指标为时点指标，不包括最后一日当天及以前已经与单位解除劳动合同关系的人员，是在岗职工、劳务派遣人员及其他从业人员之和。

2. **R&D活动人员合计中全时人员**：指企业在报告期内实际从事R&D活动的时间占全年工作时间90%及以上的人员数。

3. **R&D活动人员合计中非全时人员**：指报告期内从事R&D活动的时间占全年工作时间10%（含10%）~90%（不含90%）的人员数。

4. **R&D经费内部支出**：指用于基础研究、应用研究、试验发展活动的经费支出，只填列本企业内部支出。

5. **企业办科技机构**：指企业自办（或与外单位合办）管理上同生产系统相对独立（或单独核算）的专门科技活动机构，如企业办的技术中心、研究院所、开发中心、开发部、实验室、中试车间、试验基地等。企业办科技活动机构经过资源整合被国家或省级有关部门认定为国家级或省级技术中心的应按一个机构填报。与外单位合办的科技活动机构若主要由本企业出资兴办，则由本企业统计，否则应由合办方统计。企业科技管理职能处（科）室（如科研处、技术科等）一般不统计在内；若科研处、技术科等同时挂有科技活动机构的牌子，视其报告年度内主要工作任务而定，主要任务是从事科技活动的可以统计，否则不予统计。本指标不含企业在中国境外设立的科技活动机构数。

机构人员合计：指企业办科技活动机构中从事科技活动的人员合计。

机构人员合计中博士毕业：指企业办科技机构中从事科技活动具有博士学历或博士学位的人员。

机构人员合计中硕士毕业：指企业办科技机构中从事科技活动具有硕士学历或硕士学位的人员。

机构经费支出：指企业办科技机构用于内部开展科技活动实际支出的总费用。包括机构人员劳务费（含工资）支出、机构业务费支出、管理费支出、固定资产购建支出，以及其他维持机构正常工作的日常费用等的支出总和。

仪器和设备原价：指企业办科技机构固定资产中仪器和设备的原价，不包括长期闲置的仪器和设备。

6. **专利申请数**：指企业在报告期内向国内外知识产权行政部门提出专利申请并被受理的件数。

专利申请数中发明专利：指企业向国内外知识产权行政部门提出发明专利申请并被受理的件数。

7. **有效发明专利数**：指企业作为专利权人在报告期内拥有的、经国内外知识产权行政部门授权且在有效期内的发明专利件数。

8. **发表科技论文**：指企业立项的科技项目产生的、在有正规刊号的刊物上发表的科技论文数量。

9. **拥有注册商标数**：指企业作为第一商标注册人拥有的、经境内外商标行政部门核准注册且在有效期内的商标件数。包括在境内和境外注册的商标件数，一件商标在境内外同时注册时只统计一件。

10. **形成国家或行业标准数**：指企业在自主研发或自主知识产权基础上形成的经有关部门批准的国

家或行业标准项数。

11. 新产品产值：指报告期内企业生产的新产品的产值。新产品是指采用新技术原理、新设计构思研制、生产的全新产品，或在结构、材质、工艺等某一方面比原有产品有明显改进，从而显著提高了产品性能或扩大了使用功能的产品。新产品产值、新产品销售收入既包括经政府有关部门认定并在有效期内的新产品，也包括企业自行研制开发，未经政府有关部门认定，从投产之日起一年之内的新产品。

12. 新产品销售收入：指报告期内企业销售新产品实现的销售收入。

新产品销售收入中出口：指报告期内企业将新产品销售给外贸部门和直接出售给外商所实现的销售收入。

13. 来自政府部门的研发资金：指报告期内企业使用的从政府有关部门得到的科技活动资金，包括纳入国家计划的中间试验费、政府科技贷款等。

14. 研究开发费用加计扣除减免税：指企业按有关政策和税法规定税前加计扣除的研究开发活动费用所得税，按当年税务部门实际减免的税额填报。对尚未得到当年减免税额的企业，按上年实际减免税额填报。

15. 高新技术企业减免税：指高新技术企业按照国家有关政策依法享受的企业所得税减免额，按当年税务部门实际减免的税额填报。对尚未得到当年减免税额的企业，按上年实际减免税额填报。

16. 技术改造经费支出：指企业在报告期内进行技术改造而发生的费用支出。技术改造指企业在坚持科技进步的前提下将科技成果应用于生产的各个领域（产品、设备、工艺等），用先进工艺、设备代替落后工艺、设备，实现以内涵为主的扩大再生产，从而提高产品质量、促进产品更新换代、节约能源、降低消耗，全面提高综合经济效益。

17. 购买境内技术经费支出：指企业在报告期内购买境内其他单位科技成果的经费支出，包括购买产品设计、工艺流程、图纸、配方、专利、技术诀窍及关键设备的费用支出。

18. 引进境外技术经费支出：指企业在报告期内用于购买境外技术的费用支出，包括产品设计、工艺流程、图纸、配方、专利等技术资料的费用支出，以及购买关键设备、仪器、样机和样件等的费用支出。

19. 消化吸收经费支出：引进技术的消化吸收指对引进技术的掌握、应用、复制而开展的工作，以及在此基础上的创新。引进技术的消化吸收经费支出包括人员培训费，测绘费，参加消化吸收人员的工资、工装、工艺开发费，必备的配套设备费，翻版费等。消化吸收经费支出中属于科技活动的经费支出除包含在本项外，还要计入企业科技活动经费支出。

高等学校

1. **教学与科研人员**：指在统计年度内高等学校在册职工，从事大专及以上教学、R&D、R&D 成果应用及科技服务工作人员，以及直接为上述工作服务的人员。包括统计年度内从事科技活动累计工作时间达一个月以上的外籍和高教系统以外的专家和访问学者。

2. **高级人员**：包括具有教授、副教授、高级工程师等高级技术职务（职称）的科技人员。

3. **中级人员**：包括具有讲师、工程师等技术职务（职称）的科技人员。

4. **初级人员**：包括具有助理工程师等技术职务（职称）的人员及大学毕业暂未定职务（职称）的人员。

5. **辅助人员**：指高中以下学历，未评定职称的从事与教学、科研活动的实施有关的工作人员，包括教学、科研秘书、办事员等一切为科技活动提供直接服务的人员。

6. **科技活动人员工资**：指学校上级主管部门按预算下达的工资中用于 R&D 活动人员的部分。

7. **企、事业单位委托项目经费**：指学校从校外企、事业单位获得的 R&D 活动项目经费。

8. **金融机构贷款**：指在报告期内从金融机构获得的用于 R&D 活动的各种贷款。

9. **自筹经费**：指学校从自有资金或其他各种收入中提取并转用于研究与发展活动的经费。

10. **境外资金**：指从中国境外的各种组织、机构、企业、大学等获得的用于 R&D 活动的经费。包括合作研究、捐赠等。统计时，按当时国家外汇兑换率折合成人民币填报。

港澳台地区合作项目经费：指从港澳台地区获得的合作研究、捐赠等科研经费，如霍英东基金等。统计时，按当时国家外汇兑换率折合成人民币填报。

11. **转拨给外单位经费**：指学校委托外单位或与外单位合作进行 R&D 活动而拨付给对方的经费。

12. **科研基建费**：指在本报告期内进行 R&D 活动而进行的基建、改扩建、装修等项目的实际支出。

13. **业务费**：指学校从事 R&D 活动的全部实际消耗性支出，如原材料费、水电费、差旅费、计算机机时费、资料印刷费、学术会议费等。

14. **间接费**：指学校在组织实施项目过程中发生的无法在直接费用中列支的相关费用，主要包括补偿学校为项目研究提供的现有仪器设备及房屋、水、电、气、暖消耗等间接成本，有关管理工作费用，以及激励科研人员的绩效支出。

管理费：指学校从科技项目（课题）经费或其间接经费中提取一定比例为项目承担单位组织管理项目而支出的费用。

15. **暂付款**：指款额已经拨出，但尚未核销冲账的经费。

16. **R&D 经费支出**：指本年度研究机构用于内部开展研发活动实际支出的费用。

17. **仪器设备原价**：指研究机构报告期末固定资产中仪器和设备的账面原价（不包括长期闲置不用的仪器和设备）。

进口：指研究机构报告期末固定资产中从国外购入的仪器和设备的账面原价（不包括长期闲置不用的仪器和设备）。

18. 科研事业费：指学校上级主管部门从科学事业费、教育事业费中通过切块和按项目戴帽下达，以及学校从教育事业费中安排的研究经费。